# 典型草原天然牧草收获关键技术研究

◎王 伟 周天荣 乌仁其其格 贾玉山 格根图 等 著

中国农业科学技术出版社

**图书在版编目（CIP）数据**

典型草原天然牧草收获关键技术研究 / 王伟等著 . —北京：
中国农业科学技术出版社，2021.6

ISBN 978-7-5116-5324-6

Ⅰ.①典… Ⅱ.①王… Ⅲ.①牧草-利用-研究 Ⅳ.①S54

中国版本图书馆 CIP 数据核字（2021）第 102340 号

**责任编辑** 李冠桥
**责任校对** 马广洋
**责任印制** 姜义伟　王思文

出 版 者　中国农业科学技术出版社
　　　　　北京市中关村南大街 12 号　邮编：100081
电 　 话　(010)82109705(编辑室)　　(010)82109702(发行部)
　　　　　(010)82109709(读者服务部)
传 　 真　(010)82106625
网 　 址　http://www.castp.cn
经 销 者　各地新华书店
印 刷 者　北京中科印刷有限公司
开 　 本　710mm×1000mm　1/16
印 　 张　10.5
字 　 数　193 千字
版 　 次　2021 年 6 月第 1 版　2021 年 6 月第 1 次印刷
定 　 价　50.00 元

# 资　助

1. 国家"十三五"重点研发计划项目（2017YFD0502103）
2. 国家牧草产业技术体系干草贮藏与加工岗位（CARS-35）
3. 教育部草地资源重点实验室
4. 农业农村部饲草栽培、加工与高效利用重点实验室
5. 内蒙古自治区自然科学基金项目（2017MS0376）
6. 内蒙古自治区自然科学基金项目（2021BS03021）
7. 草地利用方式和气候变化对草甸草原健康影响评价（2017MS0328）
8. 天然草地保护与生态修复技术集成与示范（YYYFHZ201901）
9. 呼伦贝尔学院校级自然科学一般项目（2020ZKYB15）
10. 呼伦贝尔学院校级自然科学重点项目（2020ZKZD05）
11. 呼伦贝尔学院博士基金项目（2020BS08）

# 《典型草原天然牧草收获关键技术研究》
# 著 者 名 单

**主　著**　王　伟　周天荣　乌仁其其格　贾玉山　格根图

**参著人员**（以姓氏笔画为序）

| | | | |
|---|---|---|---|
| 丁　霞 | 卜振坤 | 马　天 | 王志军 | 王坤龙 |
| 尹　强 | 卢　强 | 付志慧 | 包　健 | 冯骁骋 |
| 司　强 | 成启明 | 刘　燕 | 刘丽英 | 刘庭玉 |
| 刘鹰昊 | 孙　林 | 李宇宇 | 李俊峰 | 肖燕子 |
| 吴晓光 | 张培青 | 纳　钦 | 武海霞 | 降晓伟 |
| 赵牧其尔 | 郝俊峰 | 荣　荣 | 荣向娟 | 胡布钦 |
| 哈斯毕力格 | 侯美玲 | 娜日苏 | 海长顺 | 常　春 |
| 温　涓 | 撒多文 | 薛艳林 | | |

# 前　言

随着近年来我国草牧业的快速发展，草牧业在畜产品供应过程中的作用变得越来越重要，优质的草产品供给是保证草牧业健康、稳定、可持续发展的基础。牧草作为草牧业生产发展的原料，是生产优质草产品的基础，牧草收获技术发展水平将直接决定草产品品质的优劣。天然草地牧草是我国草牧业可持续发展的资源优势，在维持天然草地物种多样性、生态平衡和草牧业发展等方面具有重要作用。

世界草地资源主要分布在亚洲和非洲，亚洲分布面积约为 $1.1×10^9hm^2$，非洲分布面积约为 $8.9×10^8hm^2$。20 世纪 80 年代全国草地资源普查结果显示，中国的草地资源面积约为 $3.93×10^8hm^2$，约占国土总面积的 42%，仅次于澳大利亚，居世界草地面积第二位，其中，可利用草地面积为 $3.31×10^8hm^2$。北方温带草原在 400mm 等雨线的西北方向，以大兴安岭、小兴安岭往西、西南延伸至新疆西部边境线，面积约占全国草地资源面积的 41.8%，是我国非常重要的草地畜牧业地区。

天然草地主要分布在气候条件恶劣、立地条件较差的干旱和半干旱地带。由于气候条件的特殊性，天然草地降水较少，年均降水量在 300mm 以下，由于时空和年际的异质性，天然草地有着"十年九旱"之称；天然草地本身就存在着不稳定性和脆弱性，近年来人为因素干扰天然草地较为严重，天然草地植被多样性破坏严重，恢复难度较大，恢复时间较长。

近年来，内蒙古自治区在经济和社会发展上取得了丰硕的成果，同时，草牧业发展也达到了一定的成就。但是，随着经济和社会迅速发展，影响草牧业发展的问题也逐渐显现出来，一方面为了获得更高的经济利益，只能通过不断透支天然草地资源来满足日益增长的家畜数量，这就造成家畜平均利用草地面积减少；另一方面，由于不断变化的全球气候，降水量少，生态环境恶化，导致天然草地牧草产量减少，品质降低，造成天然草地沙漠化和盐碱化，恢复能力降低，天然草地利用率严重降低。因此，如何恢复天然草地环境的生态功能就变得更加重要，草畜问题已经成为制约草牧业发展的主要问题。目前，内蒙古自治区还以发展传统畜牧业为主，如何由传统畜牧业向现代草牧业方向转变，建设保质量、保生态、保增收、保供给的"四保"草牧业体系，将是未来我们关心的主要方向。

2014年1月，习近平总书记在内蒙古自治区进行了调研。为了完成总书记关于现代畜牧业是高产、优质、生态、安全的畜牧业，是专业化、规模化、集约化程度高的畜牧业，更是养殖、加工、销售一体化经营的完整产业体系的要求，应当如何将现有畜牧业发展模式向现代农牧业生产经营模式转变作为未来改革的方向和重点。由于现代畜牧业的迅速发展以及人们饮食结构的转变，传统畜牧业已经不能为市场提供足够的供给。因此，为了更好地满足人民日益增长的物质需求，要同时兼顾畜产品的生产量和品质两个方面，舍饲、半舍饲的饲养模式将作为畜牧业发展的主要方式，并在未来畜牧业发展过程中占据主导位置，这就要求有足够的饲草料作为供应。只有充分解决好这些问题，才能加快传统畜牧业向现代畜牧业转型。因此，依托内蒙古自治区天然草地牧草资源，开展天然草地牧草收获利用研究，将为草牧业发展提供足够的理论支持，也为加快传统畜牧业向规模化、集约化和现代化方向转型升级提供动力。

著　者

2020 年 8 月

# 目　录

# 第一章　草地资源利用现状

## 第一节　天然草地牧草利用现状

　　内蒙古自治区（全书简称内蒙古）作为我国北国边疆一道亮丽的风景线，天然草地是这道亮丽风景线的重要组成部分（刘加文，2018）。内蒙古天然草地总面积为 $8.8×10^7hm^2$，占全国天然草地总面积的 22.9%，其中可利用天然草地面积为 $6×10^7hm^2$，占全国天然草地面积的 18.1%（任继周等，2004）。2017 年和 2018 年内蒙古地区天然草地植被长势较好，植被覆盖率分别为45.7% 和 46.1%（刘娟，2017）。2018 年天然草地牧草植株高度为 22.4cm，比2017 年低 2.2cm（刘金定，2017）。2017 年，内蒙古自治区全区种草面积为$2.3×10^7hm^2$，补播面积为 $1.2×10^6hm^2$，占全区种草面积的 4.92%，人工草地面积为 $2.2×10^7hm^2$，占全区种草面积的 95.08%（刘宇晨，2018）。多年生牧草总产量约为 $2.6×10^7t$，一年生牧草总产量约为 $3.1×10^7t$（赵萌莉，2000）。内蒙古自治区牧草的调制方法主要包括调制干草和青贮，其中调制干草产量为 $9.1×10^7t$，牧草青贮产量为 $2.2×10^7t$（海花等，2016；苏日娜等，2017）。

　　天然草地牧草的营养价值是评价草地生产力和牧草质量的重要指标，牧草质量对草地生产和生态稳定具有重要影响（Ellison，1960）。牧草的营养物质主要与其种类、数量和结构有关系，此外，碳水化合物特有的分子结构及它与蛋白质、纤维类物质的复杂生理生化反应也决定着牧草营养物质含量的高低（王德平，2019）。

　　金花（2001）对典型荒漠草原牧草进行测定后得出，禾本科牧草在初花期时具有较高的粗蛋白质含量，随着季节的变化，该类型草地牧草营养成分呈不同的变化趋势，总体上夏季牧草营养含量较高，营养价值的季节排序为夏季>秋季>春季>冬季。吴克顺（2010）对阿拉善荒漠草原霸王、梭梭和盐抓抓等8种牧草的营养物质进行了分析，并以粗蛋白质作为基准对营养均衡价值进行了比较，结果发现，试验中8种牧草的粗蛋白质和粗脂肪随着生育期的延续呈现先升高后降低的变化趋势，粗蛋白质含量在6月达到峰值，1月最低；8种牧草的纤维含量差异性较大。董宽虎（2004）对白羊草灌丛草地牧草营养价值分析后发现，随着生育期的逐渐推进，该草地类型牧草粗蛋白质含量随之降低，中性洗涤纤维（NDF）和酸性洗涤纤维（ADF）则随之升高。豆科牧草的粗蛋白质含量在开花期最高，牧草产量则呈现先增加后降低的趋势，峰值出现在8月。丰骁（2009）通过研究高山草甸牧草营养价值后发现，草地的退化程度会影响牧草的营养价值含量，极度退化、中度退化和未退化草地牧草粗蛋白质含量分别为6.2%、11.2%和14.3%。塔娜等（2010）发现，牧草的粗蛋白质含量随着生育期的延续逐渐降低，纤维含量逐渐增加，从消化率水平来看，处在相同生长期的豆科牧草要低于禾本科牧草的消化率，主要是由于细胞壁组成成分的不同。董文斌（2009）研究结果表明，随着牧草生长，牧草生物量呈先增加后降低的变化趋势，粗蛋白质、粗脂肪和粗灰分含量呈逐渐降低的趋势，纤维含量则随之增长。秦彧（2013）等对天然草地和人工草地的57种牧草分析后得出，禾本科和豆科牧草的粗蛋白质含量较高，粗纤维含量较低。薛树媛等（2011）通过研究发现，草地上被家畜喜食部分的粗蛋白质（CP）、粗脂肪及粗灰分含量随着牧草的生长逐渐降低，纤维类物质则逐渐增加，无氮浸出物在开花结实前达到峰值。

## 第二节　草地利用方式研究进展

目前，对于天然草地的利用方式主要以放牧、刈割和围栏封育3种形式为主（刘长娥，2006）。

　　放牧对天然草地的影响主要表现在家畜对地表面的践踏、采食和排泄等行为上，通过研究表明，放牧强度是最主要的因素之一（刘忆轩，2019）。放牧强度一般包括轻度放牧、中度放牧和重度放牧，主要以羊单位多少来衡量（杨晶晶，2018）。放牧影响植被的种类和生物量，姚鸿云等（2019）研究表明，在草甸草原上进行轻度放牧时，植物地上生物量减少，地下生物量却有所增加，说明植被在放牧影响下表现出了一定的适应性。锡林图雅等（2008）通过在天然草地上设置最轻度、轻度和中度放牧 3 种处理后发现，不同放牧处理对净初级生产力之间没有极显著的差异（$P>0.01$），其中，轻度放牧可以促使净初级生产力达到最优值，但中度放牧由于放牧强度较大，使得地上生物量减少，造成净初级生产力低于轻度放牧，说明适度的放牧可以增加天然草地的地上部分净生产力，有利于家畜提高采食量，同时可以有效地促进牧草的再生。于丰源等（2018）的研究结果表明，随着放牧强度的增加，地上生物量呈现不同响应变化，相对生物量在中度放牧中最高。杨树晶等（2019）研究了放牧强度对川西北高寒草甸草原的影响后发现，随着放牧程度的增加，植被盖度、地上生物量逐渐降低。王晓光等（2018）研究了放牧对呼伦贝尔典型草原植物生物量分配及土壤养分含量的影响后发现，重度放牧区的地上生物量显著低于轻度和中度放牧区（$P<0.05$）。

　　刈割作为天然草地利用的第二种方式，不仅可以影响天然草地牧草个体形态和营养物质含量，还会影响天然草地群落结构和草地生产力。张晴晴等（2018）研究发现，在天然草地上合理刈割，不仅可以使草地稳定性得到保障，还可以充分发挥天然草地生态系统的生产能力、再生能力和提高牧草品质。此外，张娇娇等（2017）的研究也发现，适度的刈割会促进生态系统的物质和能量的产生，还会促进植被的演替，但连续地、高强度地对天然草地进行刈割，会促使草地中凋落物数量的减少，对土壤表层、持水力和微生物造成一定的影响。刈割会促进群落中禾本科牧草的数量增加，对地上生物量和地下生物量的增加起到积极的作用，如果一味地对天然草地进行刈割作业，而没有后续适当的养分输入，会使天然草地营养贫瘠，影响天然草地生产力（娜日苏等，2018）。

围栏封育可以明显促进天然草地牧草种类、组成和品质增加，土壤条件也会有明显提升，牧草地上生物量和地下生物量都会增加（屈兴乐，2019）。长期的围栏封育措施会减少外界因素的干扰和破坏，围栏里边的牧草有时间、有条件地恢复生长，可以促进植物多样性和丰富度。通过不刈割措施，可以增加植物地上生物量和地下生物量，增加枯落物产量。颜增霞等（2011）发现，在放牧条件下，家畜采食草地牧草之后也会出现一定的补偿效应，但仍然低于围栏封育草地里的牧草生物量和盖度。王顺利等（2014）通过研究发现，围栏封育 20 年的草地地上生物量增幅达到 40% 以上，地下生物量增幅达到 30% 以上，通过围栏封育可以有效地延缓草地的退化。党永桂等（2018）研究结果表明，围栏封育后高寒草甸草地植物鲜重、可食牧草和禾本科牧草鲜重都较放牧样地显著增加（$P<0.05$）。王兰英等（2018）研究结果表明，经围栏封育后，植被植株的平均高度、草地生物量围栏内比围栏外显著增加，说明围栏封育对于提高植被高度、密度和生物量等指标具有一定的促进作用。

# 第三节　牧草收获技术研究进展

收获技术不仅影响牧草本身的产量和质量，还关系畜产品品质和草地生产力的稳定与提高（贾玉山，2015）。在牧草收获过程中，不论是天然草地牧草或者是人工草地牧草，都应当在品质和产量兼优的情况下进行收获（高彩霞，1997）。张文洁等（2016）以 6 个从日本引进的多花黑麦草育成品种为材料，研究了不同品种孕穗期、抽穗期和开花期的营养成分，结果表明，不同生育期多花黑麦草原料的营养成分差异达显著水平（$P<0.05$）。王伟等（2018）以天然牧草为原料，研究了不同收获期对天然牧草草产量、营养价值、消化率等指标的影响，结果表明，7 月 20 日收获其理论草产量

和水溶性碳水化合物（WSC）含量最高，粗蛋白质含量较高，中性洗涤纤维、酸性洗涤纤维含量较低。王丽学等（2018）对不同刈割时期紫花苜蓿的生物产量和营养品质动态进行研究，结果表明，现蕾期和初花期具有较高的粗蛋白质、较低的中性洗涤纤维、酸性洗涤纤维含量。宋书红等（2017）研究了刈割时期对紫花苜蓿和红豆草产量及营养价值的影响，结果表明，新牧 2 号苜蓿开花期的鲜草产量和干草产量显著高于其他品种的其他几个时期鲜草产量和干草产量（$P<0.05$）；牧草在营养期的粗蛋白质和粗灰分含量显著高于其他几个刈割时期。都帅等（2016）开展不同刈割时期和刈割高度对紫花苜蓿干草质量影响的研究，结果表明，粗蛋白质含量和相对饲用价值分别提高 2.45% 和 1.35%，差异极显著（$P<0.01$）。赵燕梅等（2015）研究了刈割时期对苜蓿的营养特性的影响，结果表明，苜蓿在第二茬的现蕾期、初花期都有良好的营养储存。

刈割频度是指在植物生长周期内收割的频率和次数。高永恒等（2009）研究结果指出，适宜的刈割频次会对牧草的分蘖和再生起到促进作用，从而提高地上部分的生物量和质量，但多频度的刈割会对牧草地上部分生长起到抑制作用。李德明（2010）研究结果表明，高频度刈割会造成地上部分有效光合面积减少，致使碳水化合物合成速度变缓，减少干物质积累量。白永飞等（1994）指出，高频刈割不仅强烈地影响被刈割植株的能量贮藏，并且严重破坏了植物的氮素水平。刈割的频度取决于牧草再生特性、土壤肥力、气候条件和栽培条件。延迟刈割，不仅造成牧草质量降低，也影响再生草的生长和下一次刈割的产量。而提早刈割，增加刈割频度，虽然饲料质量较高，但总干物质产量低，而且根积累的营养物质较少，影响其再生能力，甚至会使株丛死亡。所以刈割频度不宜过少，也不宜过多。在生长季长的地方，只要水肥条件适宜，对于再生性强的牧草，一般可刈割多次，南方一年可刈割 4~6 次，北方至少也能刈割 2 次。一般来说，北京地区紫花苜蓿每年可刈割 4~5 次，而内蒙古地区和我国东北部地区只能刈割 2~3 次，而河南省南部、苏北等淮河流域可刈割 5~6 次（刘燕，2014）。此外，最后一次刈割应在霜冻来临前一个月时进行，使牧草刈割后能有一个生长恢复期，使植株及根系中能积累充足的养分，增加抗寒能力，以利于安全越冬（王伟，2015）。

刈割留茬高度不但会影响当茬牧草产量，还会影响后一茬牧草的产量、质量和越冬率（王伟，2018）。由于我国地区间气候差异较大，应当根据当地的土壤特性、气候条件及管理模式来确定适宜的刈割留茬高度，牧草由于生育期不同，适宜留茬高度也不一致，如果再生牧草是从分蘖节和根颈处再生形成的，可适当降低刈割留茬高度，如果再生牧草是从内叶腋形成的，刈割留茬高度可以比前者稍高一些（卢强，2017）。此外，由于牧草种类不同，其适宜的刈割留茬高度也不同。刈割时要充分考虑牧草的再生点，刈割后为了促进牧草迅速再生，可适当增加刈割留茬高度，主要用于根内抗寒性物质的储存，为翌年返青提供能量。但是，紫花苜蓿留茬高度与分枝数之间存在负相关，当留茬高度越高时，其分枝数就越少，再生能力减弱，从而造成产草量减少（王坤龙等，2016）。因此，不同牧草的留茬高度因种类、生长和生理特性不同而不同（侯美玲等，2016）。牧草每次刈割的留茬高度取决于牧草的再生部位。禾本科牧草的生长点在茎基部分蘖节或地下根颈节，所以留茬比较低，一般为3~5cm。上繁草如猫尾草、非洲狗尾草等，留茬6~10cm；象草、杂交狼尾草等高秆禾本科牧草可留茬至20~30cm；下繁草如草地早熟禾留茬可低至3~4cm（尹强，2013）。豆科牧草的生长点在根颈和叶腋芽两处，以根颈萌发新枝的牧草，如苜蓿、红三叶、沙打旺等，则可留茬低些，在5cm左右为宜；以茎枝叶腋芽处萌发新枝的牧草，如草木樨、红豆草等，留茬要高，一般为10~15cm或以上，至少要保证留茬有2~3个再生芽，有利于再生（贾玉山等，2013）。但留茬高度每增高1cm，相对产量降低4%~5%。

# 第二章　天然牧草品质研究

## 第一节　干草品质研究

干草品质优劣往往通过营养物质含量和消化率来进行分析、判断（曹致中，2004）。干草在收获、调制和加工过程中，往往受到植物群落构成、生育期、虫害、病害等因素的影响，这就会对干草的品质造成一定的影响。综上分析，干草品质的评定不仅要考虑其本身的营养价值，更要考虑干草的采食量、适口性和消化率等指标，将两者恰当地结合起来，就是优质干草的评定标准。

### 一、感官评定

优质干草往往具备气味香、颜色绿、质地软等特点，收获后的干草叶片较多，富含较多的营养物质，家畜采食后消化率高（Tullberg，1978）。优质干草气味较为浓郁，且香味多为醇类芳香，干草表观要考虑植株色泽，当植株颜色呈深绿时，营养物质含量越高，体内胡萝卜素、可溶性营养物质和维生素也越多；当植株颜色呈淡黄色时，体内营养物质含量较少；当植株颜色呈浅白色时，说明牧草在收获时遭受过雨淋；当植株有褐色斑点或白毛状物质时，说明已发霉变质，此时牧草品质已经发生改变。优质干草的含水量应当保持在15%~18%，叶量丰富度也是干草品质评定的一个重要因素。优良豆科干草的叶重量占总重量的30%~40%；当干草遭受病虫感染时，营养价值变低（Tullberg，1998）。

## 二、营养物质含量

营养物质含量是干草品质评定的重要指标，CP、ADF 和 NDF 等均为干草品质评定的重要标准，其中 CP 含量可作为评价干草品质的代表指标，苜蓿初花期 CP 含量为 20%~25%，盛花期为 18%~20%（Hong，1998；Knapp，1993）。目前，以粗蛋白质（CP）、中性洗涤纤维（NDF）、酸性洗涤纤维（ADF）、可消化干物质（DDM）、干物质采食量（DMI）和相对饲喂价值（RFV）等作为评定指标，在此基础上制订了豆科、豆科与禾本科混合牧草的 6 个质量等级（表2-1）。

表 2-1　豆科、豆科与禾本科混合干草质量标准

| 质量标准 | CP（%DM） | ADF（%DM） | NDF（%DM） | DDM（%） | DMI（%） | RFV |
|---|---|---|---|---|---|---|
| 特级 | >19 | <31 | <40 | >65 | >3.0 | >151 |
| 1级 | 17~19 | 31~35 | 40~46 | 62~65 | 3.0~2.6 | 151~125 |
| 2级 | 14~16 | 36~40 | 47~53 | 58~61 | 2.5~2.3 | 124~103 |
| 3级 | 11~13 | 41~42 | 54~60 | 56~57 | 2.2~2.0 | 102~87 |
| 4级 | 8~10 | 43~45 | 61~65 | 53~55 | 1.9~1.8 | 86~75 |
| 5级 | <8 | >45 | >65 | <53 | <1.8 | <75 |

注：DDM（%）= 88.9-0.779ADF；DMI（%）= 120/NDF；RFV = DDM×DMI/1.29。

# 第二节　植物代谢组学研究进展

代谢组学在植物体上应用也较为广泛，通过对植物代谢物的研究可以很好地反映出植物生理生化反应在代谢水平的体现，植物所处的生长环境及内部的生长发育与植物代谢物及代谢流之间存在着一定的联系，通过代谢组研究可以非常全面、系统地研究代谢物整体的变化，因此，代谢组学在植物生物学上的研究也变得较为广泛（Zhang，2017）。

植物由于自身生长特性，在不同生长期会呈现不同的生理代谢变化，目前，基于代谢组来分析植物在不同时期的代谢产物已有很多研究。

Aharoni 等（2002）基于代谢组学研究了草莓果实随着生育期的延长，其体内代谢产物的动态变化，以上研究为草莓成熟机制的探究提供了科学依据。Park 等（2013）基于代谢组学方法分析了人参根内环氧炔醇和人参炔醇含量的变化，研究结果显示，随着人参生长年限的延长，环氧炔醇和人参炔醇含量随之增加，Park 等的研究结果为人参的利用提供了可靠的数据和理论支持。贾岩等（2017）通过代谢组学技术分析研究了不同生育期款冬花体内化学成分变化，研究结果显示，苯丙素类成分含量在初期至中后期达到峰值，黄酮类成分含量维持在一个稳定值，研究结果可以为款冬花在代谢组水平上的深远研究奠定了理论基础。田青松等（2017）通过基于转录组和代谢组联合分析大针茅响应羊啃食的基因表达后发现，在淀粉与蔗糖代谢通路中相关基因的表达差异变化利于淀粉、蔗糖的积累。Carrari 等（2006）也发现了番茄在生长过程中与糖类物质有关的差异代谢产物。

通过代谢组来解释植物在应激性方面的研究也逐渐成为热点。Bowne 等（2012）通过 GC-MS 方法研究了小麦在干旱胁迫环境下的代谢反应，研究结果显示，随着干旱胁迫的增加，所有小麦品种均表现为氨基酸水平显著升高（$P<0.01$）。李小东（2016）以高羊茅叶片为材料，研究了其在干旱胁迫下的代谢物变化，研究结果表明，高羊茅体内的脂类代谢产物和芳香族化合物是调控抗旱反应的关键因子，是抗旱过程中重要的物质。Glaubitz（2015）通过 12 个水稻品种的对比试验发现，热敏品种的氨基酸合成和三羧酸循环受到显著影响（$P<0.05$），而耐热品种的糖类、有机酸类代谢物质含量显著增加（$P<0.05$）。Jin 等（2017）研究了两个耐寒性不同的烟草品种代谢产物变化，结果显示，通过耐寒测试后烟草品种中的氨基酸以及葡萄糖、果糖等糖类物质含量在耐寒品种中积累较高。

我国地大物博，药材资源丰富，种类较多，可以通过代谢组学来鉴定和控制药材的品质。韩正洲（2017）研究表明，在充分分析菊花代谢产物后，通过筛选、挖掘、区分菊花的关键控制因子，可以为菊花的栽培、利用和评价提供依据。郑文（2017）研究表明，基于代谢组分析虫草后发现，不同产地的虫草有效物质成分存在显著的差异性（$P<0.05$）。通过代谢组

学分析药用植物的有效物质积累过程，对药用植物栽培、加工和利用有着重要的意义。

# 第三节  牧草刈割频度研究进展

刈割是人为影响天然草地群落组成、结构和功能的因素之一。适当刈割会促进草地生产力，当刈割超过某一临界值后，刈割行为就会严重抑制草地生产力，对整个草地生态系统也会造成难以恢复的破坏，有些草地甚至可能会沙漠化、盐碱化，后果非常严重。

国内外很多学者研究了刈割频度对天然草地地上生物量及营养物质含量的影响。徐慧敏等（2016）结果显示，刈割频率对羊草所有叶子角度（叶片与茎的夹角）之和并无影响，但是影响单片叶子的角度，第2~5片叶子的角度，随着刈割频度的增加表现出显著减小趋势。覃宗泉（2015）在喀斯特山区对热性草丛草地1年内地面植被进行不同频度刈割，并对其产量、农艺性状、再生能力和翌年返青情况进行初步分析后得出，每年刈割1次，鲜、干草产量皆为最高，分别为 $11.87t/hm^2$ 和 $5.33t/hm^2$，不同处理间草产量差异显著（$P<0.05$）。仲廷锴等（1995）在内蒙古白音锡勒牧场地区连续多年的研究发现，该地区天然草地最适刈割频度为一年一次刈割，多年连续地进行刈割作业会导致植物补偿能力减弱，植被群落单位面积生产力减弱，地上和地下生物量减少，对植物群落中优势种的重要值具有显著的影响。阿荣等（2015）研究结果表明，不刈割处理的植物群落地上生物量要显著高于刈割处理（$P<0.05$）。乌哲斯古楞（2013）研究结果发现，针茅草原一年刈割一次后对植物群落的多样性影响较小，但是提高了天然草地的生物量，与对照组（不刈割）相比，刈割地的总生物量和水分利用情况都显著提高。

刘美玲等（2007）研究了不同刈割频度对内蒙古天然草地群落的影响，结果证明，不同刈割处理对天然草地群落结构组成形成不同程度的影响。

于辉等（2015）通过对奇台苏丹草研究后发现，增加刈割频度会促进奇台苏丹草 CP、粗脂肪（EE）和无氮浸出物含量的增加，在 3 次刈割中，粗纤维和粗灰分水平呈现先下降后上升的趋势。高丽欣（2015）研究了刈割频度对盐碱地柳枝稷能源价值的影响后发现，刈割频度对柳枝稷生物质产量、株体氮含量、灰分含量以及木质纤维素含量的影响都是显著的（$P<0.05$）。景媛媛等（2014）研究了刈割 1 次/年、刈割 2 次/年处理对甘肃高寒草甸醉马草的影响后发现，刈割 2 次/年的效果明显大于刈割 1 次/年；与未刈割相比，刈割 1 次/年显著抑制了醉马草的生长（$P<0.05$），增加了可食牧草的高度和生物量。

# 第四节　挥发性物质研究进展

由于内环境和外环境的影响，植物体内会发生糖类代谢、脂类水解、氧化和蛋白质降解等生理生化反应，以上生理生化反应的发生往往会伴有一些挥发性物质的产生，这些挥发性物质由于其自身特性各异，有些气体让人闻着倍感清爽，而有些气味则令人不愉快。这些气味的产生将直接影响植物的感官和品质，因此，有必要研究植物在收获、加工和利用过程中挥发性成分的变化。

## 一、牧草挥发性物质研究

牧草作为草地生态一大宝贵资源，在不同季节、不同生长条件和不同气候条件下会产生不同的挥发性物质。周意等（2018）对金钱草和广金钱草挥发性物质进行分析，并比较二者之间的差异，研究结果显示，金钱草中共有 26 个峰值，共鉴定出 22 种成分，占总挥发性物质的 90.38%；从广金钱草中共检测出 17 个峰值，鉴定出 11 种成分，占总挥发性物质的 79.33%，二者含共有成分 8 种，说明金钱草和广金钱草挥发性成分种类和含量均有一定差异，以上研究成果可为快速鉴别金钱草和广金钱草提供新思路，并为二者进一步开发奠定基础。李红等（2018）对马尾藻不同部位挥发性成分的差异进行分析后得出，壬醛、乙酸乙酯、苯乙烯和 1-辛醇之间具有显著差异，它们决定了马尾藻带有不同的风味，研究结果对马尾藻的价值和肉质风味形成具有重要影响。洪英华等（2018）研究了香草兰发酵过程中挥发性物质的累积过程，结果表明挥发性物质主要在干燥及陈化阶段产生并累积，其中含量逐渐增加且在陈化豆荚中含量较高的有乙酸、愈创木酚、香兰醇、十六酸等物质，反式-2-癸烯醛、硬脂酸甲酯、山嵛醇等物质仅出现在发酵前期，己二酸二（2-乙基己基）酯、2-乙基己基乙酸酯的含量在发酵过程中逐渐降低，成熟豆荚的香气是由多种前体物的代谢产物混合而形成。胡然（2018）对灵香草粉挥发性成分进行分析后发现，共鉴定出 59 种挥发性成分，包括烷烃类 13 种，酯类 8 种，烯类 7 种，醇类 6 种，酚类 6 种，酮、醛、苯各 1 种，其他及杂环化合物等 12 种，以上挥发性物质通过糅合，赋予了灵香草粉丰富自然的辛香、药香、水果香和清凉感。刘华臣（2016）采用蒸馏方法萃取甘草浸膏中的挥发性成分，并用气相色谱-质谱联用技术进行分析鉴定，鉴定出 28 种化学成分，应用峰面积归一化法确定了各成分的相对质量分数。甘草浸膏挥发性香气成分主要包括糠醛（18.44%）、5-甲基呋喃醛（14.52%）、2-乙酰基呋喃（13.37%）、棕榈酸甲酯（9.62%）、棕榈酸（9.06%）、糠醇（8.05%）、亚油酸乙酯（4.77%）。杨文秀（2013）采用顶空固相微萃取技术从香茅草叶片中萃取挥发性物质，并利用气相色谱质谱联用仪进行分析鉴定，共鉴定了 18 种物质，含量较高的是 β-月桂烯、香叶醛、橙花醛等，其中，β-月桂烯含量高达 4124.30μg/kg，柠檬醛（包括香叶醛和橙花醛）含量达 5057μg/kg。

## 二、农作物挥发性物质研究

目前顶空固相微萃取（Headspace solid-phase microextraction，HS-SPME）技术已在玉米、稻谷、高粱、小麦等农作物身上应用成熟，也取得了丰硕的科研成果（SAM，2003；付鹏程，2004）。但目前还未有通过该技术来分析测定天然牧草挥发性物质的异质性方面的研究报告。马良等

（2015）利用优化的顶空固相微萃取-气质联用法分析玉米在常温（25℃）密闭储藏过程中的主要挥发性物质组成，结果表明，在储藏过程中烃类物质总相对含量在储藏末期比储藏初期有所增加，酸类物质相对含量呈缓慢上升但含量较低，酮类物质相对含量较低且呈逐渐降低趋势。羊青等（2015）对不同产地的茵芋挥发油成分及其抗氧化活性进行比较后发现，不同产地姜黄挥发油的化学成分和抗氧化活性均有显著差异。袁建等（2012）对不同储藏条件下的小麦粉挥发性物质进行研究，结果表明，小麦粉中主要有烃类、醛类、酮类等多种挥发性物质。储藏一定时间后的小麦粉中最高的是烃类和醛类，其次为醇类、酮类。在储藏 2 个月后，己醛、苯甲醛、辛醛、2-壬醛、己醇、十二烷、十六烷和十八烷具有较大的变化。黄亚伟（2016）通过对五常大米挥发性物质研究发现，随着储藏时间的延长，正辛醇、壬醇、香叶基丙酮、吲哚含量呈下降的趋势。牟青松等（2014）对贵州花椒储存过程中的挥发性物质进行了分析，结果表明，花椒储存中挥发性组分的相对含量和数量变化较大且有新组分产生，相对含量变化体现在储存中烯烃类减小而醇、酯类增加，主要是 β-榄香烯和（-）-β-荜澄茄油烯的减少和橙花叔醇的增加，新产生的主要是柠檬烯和吉马烯 D 及桉树脑等。张玉荣等（2018）研究结果表明，随着储藏时间的增加，弱筋小麦的烃类物质快速增加，醛类物质先降后升，而酮类和醇类物质逐渐下降；强筋小麦中除烃类物质呈先下降而后快速增加，其余各类挥发性物质均与弱筋小麦呈现相同的规律。杨少玲（2016）对干龙须菜（*Asparagus schoberioides* Kunth）中挥发性物质的萃取条件进行了优化，并结合气相色谱-质谱法（GC-MS）进行了成分鉴定分析，结果表明，醛、酮等羰基类化合物和烃类化合物对龙须菜的风味贡献比较大。廉明等（2014）对我国两种黄茶的挥发性物质进行了研究，并比较了它们在挥发性物质及含量上的差异。研究结果表明，两种黄茶中总共有挥发性物质 75 种，其中，共有挥发性物质 66 种，含量及组成较为类似，两种黄茶中挥发性物质中碳氢化合物和醇类化合物较多。

# 第三章　典型草原牧草营养品质研究

## 第一节　天然牧草草产量、鲜干比和含水量研究

本试验以典型草原天然牧草为试验材料，设置7月20日、8月1日、8月10日、8月20日、8月30日和9月10日6个收获期处理，研究不同收获期天然牧草产量、鲜干比和含水量等指标变化规律，旨在研究不同收获期对牧草产量及含水量的影响。

以羊草、针茅和混合牧草为试验材料，人工刈割留茬高度5cm，收获期分别为7月20日、8月1日、8月10日、8月20日、8月30日和9月10日，研究不同收获期牧草品质变化，通过最优母序列关联分析，确定牧草最适收获期，为牧民收获牧草提供技术指导。

## 第二节　最优母序列关联分析研究

### 一、最优母序列关联分析

母序列关联度分析是将某一组数据作为母序列，其余为子序列，计算其关联矩阵，并对因子进行排序。最优序列分析实际是有母序列分析的一种，只不过其母序列为一列，且这个母序列在原始数据集中不存在，需要构造最优母序列。最优母序列构造时，应该把握以下3点：一是各指标序列的方向性要相同，即要么都是越大越好，要么都是越小越好，方便计算

过程和结果的查看；二是最优序列选择标准，一般采用极值法，也有选用平均法，在采用极值法时，应该保证数据值不是由错误导致的异常值，当选用平均法时，主要是为了克服异常值影响，也有在绩效工作量计算时突出超工作量问题；三是在构造最优序列时，应该先进行数据的初始化，以便消除量纲的影响。

1. 原始数据变换

采用均值化变换法：先分别求出各个序列的平均值，再用平均值去除对应序列中的各个原始数据，便得到新的数据列，即为均值化序列。其特点是量纲为一，其值大于0，并且大部分近于1，数列曲线互相相交。

2. 计算关联系数

经数据变换的母数列记为 $\{X_0(t)\}$，子数列为 $\{X_i(t)\}$，则在时刻 $t=k$ 时母序列 $\{X_0(k)\}$ 与子序列 $\{X_i(k)\}$ 的关联系数 $L_{0i}(k)$ 可由下式计算：

$$L_{0i}(k) = \frac{\Delta_{\min} + \rho\Delta_{\max}}{\Delta_{0i}(k) + \rho\Delta_{\max}} \qquad (3-1)$$

式中，$\Delta_{0i}(k)$ 表示 $k$ 时刻两比较序列的绝对差，即 $\Delta_{0i}(k) = |x_0(k) - x_i(k)|(1 \leq i \leq m)$；$\Delta_{\max}$ 和 $\Delta_{\min}$ 分别表示所有比较序列各个时刻绝对差的最大值与最小值。因为比较序列相交，故一般取 $\Delta_{\min} = 0$；$\rho$ 称为分辨系数，其意义是削弱最大绝对差数值太大引起的失真，提高关联系数之间的差异显著性，$\rho \in (0, 1)$，关于 $\rho$ 的取值有不同的说法，一般情况下其取值范围为 $[0.1, 0.5]$，但关于 $\rho$ 的取值有其他标准。分辨系数 $\rho$ 的取值规则如下。

（1）以 $\Delta_e$ 表示所有差值绝对值的均值，以 $S$ 表示 $\Delta_e$ 除以 $\Delta_{\max}$ 的结果。

（2）当 $\Delta_{\max} > 3\Delta_e$，$\rho$ 的取值为 $S \leq \rho \leq 1.5S$。

（3）当 $\Delta_{\max} \leq 3\Delta_e$，$\rho$ 的取值为 $1.5S < \rho \leq 2.0S$。

关联系数反映两个被比较序列在某一时刻的紧密（靠近）程度。如在 $\Delta_{\min}$ 的时刻，$L_{0i} = 1$，而在 $\Delta_{\max}$ 的时刻则关联系数为最小值。因此，关联系数的范围为 $0 < L \leq 1$。

3. 求关联度

由以上所述可知，关联度分析实质上是对时间序列数据进行几何关系的比较，若两序列在各个时刻点都重合在一起，即关联系数均等于1，那么两序列的关联度也必等于1。另一方面，两比较序列在任何时刻也不可垂直，所以关联系数均大于0，故关联度也都大于0。因此，两序列的关联度便以两比较序列各个时刻的关联系数之平均值计算，即：

$$r_{0i} = \frac{1}{N} \sum_{k=1}^{N} L_{0i}(k) \qquad (3-2)$$

式中，$r_{0i}$ 为子序列 $i$ 与母序列0的关联度；$N$ 为比较序列的长度（即数据个数）。

4. 关联序

将 $m$ 个子序列对同一母序列的关联度按大小顺序排列起来，便组成关联序，记为 $\{X\}$。它直接反映各个子序列对于母序列的"优劣"关系。

5. 列出关联矩阵

若有 $n$ 个母序列 $\{Y_1\}$，$\{Y_2\}$，…，$\{Y_n\}$（$n \neq 2$）及其 $m$ 个子序列 $\{X_1\}$，$\{X_2\}$，…，$\{X_m\}$（$m \neq 1$），则各子序列对母序列 $\{Y_1\}$ 有关联度 $[r_{11}, r_{12}, \cdots, r_{1m}]$，各子序列对于母序列 $\{Y_2\}$ 有关联度 $[r_{21}, r_{22}, \cdots, r_{2m}]$，类似地，各子序列对于母序列 $\{Y_n\}$ 有关联度 $[r_{n1}, r_{n2}, \cdots, r_{nm}]$。

将 $r_{ij}$（$i=1, 2, \cdots, n$；$j=1, 2, \cdots, m$）作适当排列，可得到关联度矩阵：

$$R = \begin{bmatrix} r_{11} & r_{12} & \cdots & r_{1m} \\ r_{21} & r_{22} & \cdots & r_{2m} \\ \vdots & \vdots & & \vdots \\ r_{n1} & r_{n2} & \cdots & r_{nm} \end{bmatrix} \text{ 或 } R = \begin{bmatrix} r_{11} & r_{12} & \cdots & r_{1n} \\ r_{21} & r_{22} & \cdots & r_{2n} \\ \vdots & \vdots & & \vdots \\ r_{m1} & r_{m2} & \cdots & r_{mn} \end{bmatrix}$$

## 二、归一化

分别对羊草、针茅和混合草进行计算，在同一图内双坐标系绘图，并在 Excel 内采用趋势线拟合，寻找交点。然后将羊草、针茅及混合牧草的营养价值进行最大值归一化，计算公式为：

$$x_{ij} = \frac{x_{ij}}{\max(x_i)} \qquad (3-3)$$

归一化后的羊草、针茅和混合草营养价值在同一坐标系内绘制成图。根据拟合趋势线函数寻找最适收获期。

## 三、极差法

不同收获条件的营养物质、体外消化率和返青率指标采用极差法寻找最优处理组合，然后采用多因素方差分析查验最优处理组合中各因素的水平是否显著高于其他水平。

## 四、模糊评价

模糊评价的方法如下。

1. 建立判断矩阵

形式如下：

$$A = \begin{bmatrix} a_{11} & a_{12} & \cdots & a_{1n} \\ a_{21} & a_{22} & \cdots & a_{2n} \\ \vdots & \vdots & & \vdots \\ a_{m1} & a_{m2} & \cdots & a_{mn} \end{bmatrix}$$

其中，判断矩阵 $A$ 中的元素 $a_{ij}$ 为决策者的知识和经验估计出来，也可用变量变异程度进行估计。其中，$i \in [1, m]$，$j \in [1, n]$，$m=n$。当 $i=j$ 时，$a_{ij}=1$；当 $i<j$ 时，$a_{ij}$ 为两目标相比重要性的评价值；当 $i>j$ 时，$a_{ij}=1/a_{ji}$。

判断矩阵中两目标相比重要性的评价值确定方法见表3-1。

表3-1　判断矩阵中两目标相比重要性的评价方法

| $a_{ij}$ | 两目标相比 |
| --- | --- |
| 1 | 同样重要 |
| 3 | 稍微重要 |
| 5 | 明显重要 |
| 7 | 重要得多 |

（续表）

| $a_{ij}$ | 两目标相比 |
|---|---|
| 9 | 极端重要 |
| 2，4，6，8 | 介于以上相邻两种情况之间 |
| 以上各数的倒数 | 两个目标反过来比较 |

2. 权重的确定方法

将判断矩阵每一列归一化，公式为：

$$a_{ij}' = \frac{a_{ij}}{\sum\limits_{k=i}^{m} a_{kj}} \qquad (3-4)$$

将每一列归一化的矩阵按行相加，计算特征向量，公式为：

$$M_i = \sum\limits_{j=1}^{n} a_{ij}' \qquad (3-5)$$

将特征向量 $M =（M_1，M_2，\cdots，M_n）T$ 归一化，计算公式为：

$$W_i = \frac{M_i}{\sum\limits_{j=1}^{n} M_j} \qquad (3-6)$$

计算判断矩阵最大特征根，公式为：

$$\lambda_{max} = \sum\limits_{i-1}^{m} \frac{(AW)_i}{nW_i} \qquad (3-7)$$

3. 一致性检验

一致性指标 $CI = \dfrac{\lambda_{max} - n}{n - 1}$，检验系数 $CR = \dfrac{CI}{RI}$，当 $CR<0$ 时，可认为判断矩阵具有满意的一致性；否则，就需要重新调整判断矩阵。$RI$ 是平均一致性指标，可用表3-2查得。

表 3-2 *RI* 系数表

| 阶数 | 3 | 4 | 5 | 6 | 7 | 8 | 9 |
|---|---|---|---|---|---|---|---|
| *RI* | 0.58 | 0.9 | 1.12 | 1.24 | 1.32 | 1.41 | 1.45 |

## 4. 原始数据正规化

原始数据集如下：

$$
R = \begin{bmatrix} r_{11} & r_{12} & \cdots & r_{1n} \\ r_{21} & r_{22} & \cdots & r_{2n} \\ \vdots & \vdots & & \vdots \\ r_{m1} & r_{m2} & \cdots & r_{mn} \end{bmatrix}
$$

标准化计算式：

$$
r'_{ij} = \frac{r_{ij} - \min(r_{kj})}{\min(r_{kj})} \ (i \in [1, \ m] , \ j \in [1, \ n] ) \qquad (3\text{-}8)
$$

得到正规化矩阵如下：

$$
R' = \begin{bmatrix} r'_{11} & r'_{12} & \cdots & r'_{1n} \\ r'_{21} & r'_{22} & \cdots & r'_{2n} \\ \vdots & \vdots & & \vdots \\ r'_{m1} & r'_{m2} & \cdots & r'_{mn} \end{bmatrix}
$$

## 5. 计算评价得分向量

$$
S = M^T (R')^T = \begin{bmatrix} s_1 \\ s_2 \\ \vdots \\ s_i \end{bmatrix}
$$

其中，$i \in [1, \ m]$，$S_i$ 最高值为最优处理。

# 第三节　典型草原牧草产量及品质分析

## 一、典型草原牧草产量分析

对不同收获期典型草原天然牧草鲜、干草产量及鲜干比指标进行分析，如表 3-3 所示。

表 3-3　不同收获期天然牧草的产量及鲜干比

| 收获期 | 鲜草产量<br>（kg/hm²） | 干草产量<br>（kg/hm²） | 鲜干比 |
|---|---|---|---|
| 7 月 20 日 | 1294.64 ± 10.28c | 339.08 ±2.98e | 3.81 ±0.24d |
| 8 月 1 日 | 1640.74 ± 13.08b | 388.80±3.11d | 4.22 ±0.18b |
| 8 月 10 日 | 2217.59± 14.13a | 485.25±2.45c | 4.57 ±0.21a |
| 8 月 20 日 | 2154.79 ± 10.55a | 546.90±7.23b | 3.94 ±0.33c |
| 8 月 30 日 | 1732.64 ± 15.64b | 625.50±5.92a | 2.77 ±0.89e |
| 9 月 10 日 | 976.77± 12.38d | 506.10±3.29c | 1.93 ±0.25f |

注：表中数据为均值±标准误。不同小写字母表示差异显著（$P<0.05$），相同小写字母表示差异不显著（$P>0.05$）。全书同。

从表 3-3 中可以看出，随着收获时期的延后，鲜草产量呈先增加后降低的变化趋势，8 月 10 日鲜草产量要高于其他收获期的鲜草产量（$P<0.05$），8 月 10 日收获鲜草产量要高于 8 月 20 日鲜草产量，但两者之间差异不显著（$P>0.05$）。干草产量随着收获期的延后呈先增加后降低的趋势，干草产量最高值出现在 8 月 30 日，8 月 30 日干草产量要显著高于其他收获期的干草产量（$P<0.05$）。

## 二、典型草原不同收获期天然牧草含水量变化分析

典型草原不同收获期天然牧草体内含水量如图 3-1 所示。

由图 3-1 可知，随着收获期的延长，牧草含水量呈先升高后降低的变化趋势，在 7 月 20 日牧草体内含水量为最低。随着收获期的延长，牧草体内含水量逐渐增加，在 8 月 10 日牧草体内含水量达到峰值，且要高于 8 月 20 日的含水量。8 月 20 日收获牧草含水量逐渐下降，低于 8 月 10 日牧草体内含水量。

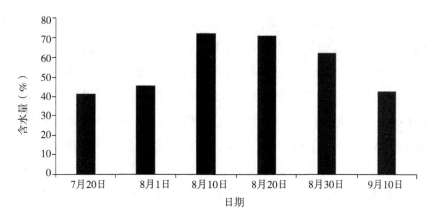

图 3-1　天然牧草含水量变化

# 第四节　不同收获期羊草营养成分分析

## 一、不同收获期羊草营养成分差异性研究

不同收获期羊草营养成分差异如表 3-4 所示。

表 3-4　不同收获期羊草营养成分分析

| 收获期 | DM (%) | CP (%DM) | EE (%DM) | ADF (%DM) | NDF (%DM) | WSC (%DM) |
|---|---|---|---|---|---|---|
| 7 月 20 日 | 52.22±0.38f | 5.75±0.85e | 1.38±0.08e | 41.23±0.96f | 37.52±1.29f | 5.29±0.27e |
| 8 月 1 日 | 54.35±0.83e | 6.84±0.83c | 1.72±0.21d | 42.65±0.33e | 40.08±2.33e | 5.55±0.27d |
| 8 月 10 日 | 56.43±0.24d | 8.55±0.24ab | 2.11±0.23ab | 43.26±0.18d | 42.19±2.64d | 5.69±0.76c |
| 8 月 20 日 | 57.52±0.46c | 8.84±0.11a | 2.45±0.10a | 45.16±0.28c | 46.52±2.33c | 6.04±0.42b |
| 8 月 30 日 | 58.04±0.26b | 6.24±0.22cd | 2.20±0.17ab | 47.85±0.24b | 54.17±2.11b | 6.46±0.29a |
| 9 月 10 日 | 62.81±0.27a | 4.34±0.71f | 1.89±0.04c | 49.86±0.39a | 65.23±2.38a | 5.97±0.92b |

由表 3-4 可知，随着收获期的推进，羊草 DM 含量逐渐升高，在 9 月 10 日收获羊草 DM 含量最高，为 62.81%，7 月 20 日 DM 含量最低，为 52.22%，且两者之间差异显著（$P < 0.05$），不同收获期 DM 含量差异显著

（$P<0.05$）。随着收获期的推进，羊草 CP 含量呈先升高后降低的变化趋势。CP 含量在 8 月 20 日最高，为 8.84%DM，9 月 10 日最低，为 4.34%DM，两者之间差异显著（$P<0.05$）。羊草 EE 含量随着收获期的推进呈先升高后降低的变化趋势，以 8 月 20 日收获羊草的 EE 含量最高，为 2.45%DM，以 7 月 20 日收获羊草的 EE 含量最低，为 1.38%DM。8 月 10 日收获羊草的 EE 含量要低于 8 月 30 日羊草的 EE 含量，但两者之间差异不显著（$P>0.05$），与其他收获期羊草 EE 含量差异显著（$P<0.05$）。羊草的 ADF 和 NDF 含量均随着生育期的推进逐渐升高，最高值均出现在 9 月 10 日，且各收获期的羊草 ADF 和 NDF 含量之间差异显著（$P<0.05$）。羊草的 WSC 含量随着收获期的推进呈先升高后降低的变化趋势，WSC 含量最高值出现在 9 月 10 日，最低值出现在 7 月 20 日。8 月 20 日羊草 WSC 含量要高于 9 月 10 日，但两者之间差异不显著（$P>0.05$），但均显著低于 8 月 30 日的 WSC 含量（$P<0.05$），8 月 20 日和 9 月 10 日的 WSC 含量与其他收获期羊草 WSC 含量呈显著性差异（$P<0.05$），均高于其他收获期的 WSC 含量。

## 二、不同收获期羊草营养成分最优母序列关联分析

将上表中 DM 指标剔除，NDF 和 ADF 含量作差之后得到酸性洗涤溶解物（ADS），该指标表示 NDF 和 ADF 含量的差异值，ADS 含量作差后的结果见表 3-5。

表 3-5　羊草不同收获期营养成分最优母序列关联

| 收获期 | CP（%DM） | EE（%DM） | ADS（%DM） | WSC（%DM） |
|---|---|---|---|---|
| 最优序列 | 12.20 | 2.15 | 15.93 | 5.23 |
| 7 月 20 日 | 8.36 | 1.42 | 7.51 | 4.76 |
| 8 月 1 日 | 9.44 | 1.67 | 9.37 | 4.88 |
| 8 月 10 日 | 11.85 | 1.86 | 9.20 | 5.23 |
| 8 月 20 日 | 12.20 | 2.15 | 11.10 | 5.16 |
| 8 月 30 日 | 11.35 | 2.05 | 12.85 | 5.21 |
| 9 月 10 日 | 6.27 | 1.93 | 15.93 | 4.86 |

由表 3-6 可知，表中的指标可以反映出收获期和营养成分信息，且各个指标的数值越大，表明该指标值其可能是该收获期营养价值高的特征。

表 3-6　羊草不同收获期营养成分均值化矩阵

| 收获期 | CP（%DM） | EE（%DM） | ADS（%DM） | WSC（%DM） |
|---|---|---|---|---|
| 最优序列 | 1.23 | 1.16 | 1.45 | 1.04 |
| 7月20日 | 0.84 | 0.77 | 0.68 | 0.95 |
| 8月1日 | 0.95 | 0.90 | 0.85 | 0.97 |
| 8月10日 | 1.20 | 1.01 | 0.84 | 1.04 |
| 8月20日 | 1.23 | 1.16 | 1.01 | 1.03 |
| 8月30日 | 1.15 | 1.11 | 1.17 | 1.04 |
| 9月10日 | 0.63 | 1.05 | 1.45 | 0.97 |

计算绝对差值矩阵，计算结果见表 3-7。

表 3-7　羊草不同收获期营养成分绝对差值矩阵

| 收获期 | CP（%DM） | EE（%DM） | ADS（%DM） | WSC（%DM） |
|---|---|---|---|---|
| 最优序列 | 0.60 | 0.39 | 0.77 | 0.09 |
| 7月20日 | 0.39 | 0.39 | 0.77 | 0.09 |
| 8月1日 | 0.28 | 0.26 | 0.60 | 0.07 |
| 8月10日 | 0.03 | 0.15 | 0.61 | 0.00 |
| 8月20日 | 0.00 | 0.00 | 0.44 | 0.01 |
| 8月30日 | 0.08 | 0.05 | 0.28 | 0.00 |
| 9月10日 | 0.60 | 0.11 | 0.00 | 0.07 |

从表中找出最大绝对差值 $\Delta_{max} = 0.77$，最小绝对差值 $\Delta_{min} = 0.00$，寻找分辨系数为 $\rho$ 的取值为 0.47。

计算关联系数。关联系数是为了反映两个被比较的序列在某一时刻的紧密程度。羊草不同收获期营养成分关联系数如表 3-8 所示。

表3-8  羊草不同收获期营养成分关联系数矩阵

| 收获期 | CP（%DM） | EE（%DM） | ADS（%DM） | WSC（%DM） | 关联度 |
|---|---|---|---|---|---|
| 最优序列 | 1.00 | 1.00 | 1.00 | 1.00 | 1.00 |
| 7月20日 | 0.48 | 0.48 | 0.32 | 0.80 | 0.52 |
| 8月1日 | 0.56 | 0.58 | 0.38 | 0.84 | 0.59 |
| 8月10日 | 0.92 | 0.71 | 0.37 | 1.00 | 0.76 |
| 8月20日 | 1.00 | 1.00 | 0.45 | 0.97 | 0.86 |
| 8月30日 | 0.82 | 0.88 | 0.56 | 1.00 | 0.82 |
| 9月10日 | 1.00 | 0.77 | 1.00 | 0.84 | 0.75 |

通过表3-8可知，羊草与营养成分紧密度较高的收获期排序依次为：8月20日>8月30日>8月10日>9月10日>8月1日>7月20日。

# 第五节  不同收获期针茅营养成分分析

## 一、不同收获期针茅营养成分差异性分析

收获期与针茅营养成分差异比较如表3-9所示。

表3-9  不同收获期与针茅营养成分分析

| 收获期 | DM（%） | CP（%DM） | EE（%DM） | ADF（%DM） | NDF（%DM） | WSC（%DM） |
|---|---|---|---|---|---|---|
| 7月20日 | 50.63±1.26f | 4.28±0.38e | 1.37±0.14e | 43.91±0.51f | 30.52±2.44f | 3.67±0.75c |
| 8月1日 | 52.37±0.96e | 4.92±0.96cd | 1.66±0.41cd | 44.88±0.34e | 31.29±1.85e | 3.86±0.28ab |
| 8月10日 | 54.77±1.05d | 5.88±1.05b | 1.83±0.22c | 45.17±0.39d | 32.38±2.66d | 3.91±0.22ab |
| 8月20日 | 55.23±0.27c | 6.36±0.38a | 2.32±0.29a | 47.26±0.28c | 34.13±1.97c | 4.06±0.24a |
| 8月30日 | 57.84±0.24b | 5.09±1.04c | 2.01±0.42b | 48.94±1.33b | 36.39±3.67b | 4.01±0.27ab |
| 9月10日 | 62.94±1.33a | 4.03±0.06ef | 1.78±0.21c | 50.07±10.18a | 38.37±2.26a | 4.05±0.46a |

由表3-9可知，随着收获期的推进，针茅DM含量逐渐升高，在9月10日收获时DM含量最高，为62.94%，7月20日DM含量最低，为

50.63%，且两者之间差异显著（$P<0.05$），不同收获期 DM 含量差异显著（$P<0.05$）。随着收获期的推进，针茅 CP 含量呈先升高后降低的变化趋势。CP 含量在 8 月 20 日最高，为 6.36%DM，9 月 10 日最低，为 4.03%DM，两者之间差异显著（$P<0.05$）。针茅 EE 含量随着收获期的推进呈升高后降低的变化趋势，以 8 月 20 日收获针茅的 EE 含量最高，为 2.32%DM，以 7 月 20 日收获针茅的 EE 含量最低，为 1.37%DM。8 月 10 日收获针茅的 EE 含量要低于 8 月 20 日针茅的 EE 含量，但两者之间差异显著（$P<0.05$），8 月 10 日和 9 月 10 日针茅的 EE 含量差异不显著（$P>0.05$），其他收获期针茅 EE 含量差异显著（$P<0.05$）。针茅的 ADF 和 NDF 含量均随着生育期的推进逐渐升高，最高值均出现在 9 月 10 日，且各收获期的针茅 ADF 和 NDF 含量之间差异显著（$P<0.05$）。针茅的 WSC 含量随着收获期的推进呈先升高后降低再升高的变化趋势，WSC 含量最高值出现在 8 月 30 日，最低值出现 7 月 20 日。8 月 20 日针茅 WSC 含量要高于 9 月 10 日，但两者之间差异不显著（$P>0.05$）。

## 二、不同收获期针茅营养成分最优母序列关联分析

为了利于应用最优母序列关联分析法来研究不同收获期针茅营养成分，将上表中 DM 指标剔除，NDF 和 ADF 作差之后得到酸性洗涤溶解物（ADS），作差后的结果见表 3-10。

表 3-10　针茅不同收获期营养成分最优母序列关联

| 收获期 | CP（%DM） | EE（%DM） | ADS（%DM） | WSC（%DM） |
|---|---|---|---|---|
| 最优序列 | 6.36 | 2.32 | 13.59 | 4.06 |
| 7 月 20 日 | 4.28 | 1.37 | 13.39 | 3.67 |
| 8 月 1 日 | 4.92 | 1.66 | 13.59 | 3.86 |
| 8 月 10 日 | 5.88 | 1.83 | 12.79 | 3.91 |
| 8 月 20 日 | 6.36 | 2.32 | 13.13 | 4.06 |
| 8 月 30 日 | 5.09 | 2.01 | 12.55 | 4.01 |
| 9 月 10 日 | 4.03 | 1.78 | 11.70 | 4.05 |

均值处理见表 3-11，数值越大，表明该指标值可能是营养价值高的特征。

表 3-11　针茅不同收获期营养成分均值化矩阵

| 收获期 | CP（%DM） | EE（%DM） | ADS（%DM） | WSC（%DM） |
|---|---|---|---|---|
| 最优序列 | 1.25 | 1.27 | 1.06 | 1.04 |
| 7 月 20 日 | 0.84 | 0.75 | 1.04 | 0.94 |
| 8 月 1 日 | 0.97 | 0.91 | 1.06 | 0.98 |
| 8 月 10 日 | 1.16 | 1.00 | 1.00 | 1.00 |
| 8 月 20 日 | 1.25 | 1.27 | 1.02 | 1.04 |
| 8 月 30 日 | 1.00 | 1.10 | 0.98 | 1.02 |
| 9 月 10 日 | 0.79 | 0.97 | 0.91 | 1.03 |

计算绝度差值矩阵，计算结果见表 3-12。

表 3-12　针茅不同收获期营养成分绝对差值矩阵

| 收获期 | CP（%DM） | EE（%DM） | ADS（%DM） | WSC（%DM） |
|---|---|---|---|---|
| 最优序列 | 0.46 | 0.52 | 0.15 | 0.10 |
| 7 月 20 日 | 0.41 | 0.52 | 0.02 | 0.10 |
| 8 月 1 日 | 0.28 | 0.36 | 0.00 | 0.06 |
| 8 月 10 日 | 0.09 | 0.27 | 0.06 | 0.04 |
| 8 月 20 日 | 0.00 | 0.00 | 0.04 | 0.00 |
| 8 月 30 日 | 0.25 | 0.17 | 0.08 | 0.02 |
| 9 月 10 日 | 0.46 | 0.30 | 0.15 | 0.01 |

从表中找出最大绝对差值 $\Delta_{max}=0.52$，最小绝对差值 $\Delta_{min}=0.00$，分辨系数 $\rho$ 取 0.43。

通过表 3-13 可知，针茅与营养成分紧密度较高的收获期排序依次为：8 月 20 日>8 月 10 日>8 月 30 日>8 月 1 日>9 月 10 日>7 月 20 日。

表 3-13  针茅不同收获期营养成分关联系数矩阵

| 收获期 | CP（%DM） | EE（%DM） | ADS（%DM） | WSC（%DM） | 关联度 |
|--------|-----------|-----------|-----------|-----------|--------|
| 最优序列 | 1.00 | 1.00 | 1.00 | 1.00 | 1.00 |
| 7月20日 | 0.35 | 0.30 | 0.92 | 0.69 | 0.57 |
| 8月1日 | 0.44 | 0.38 | 1.00 | 0.79 | 0.65 |
| 8月10日 | 0.71 | 0.45 | 0.79 | 0.85 | 0.70 |
| 8月20日 | 1.00 | 1.00 | 0.85 | 1.00 | 0.96 |
| 8月30日 | 0.47 | 0.57 | 0.74 | 0.92 | 0.68 |
| 9月10日 | 0.33 | 0.43 | 0.60 | 0.96 | 0.58 |

# 第六节  不同收获期典型草原牧草营养成分分析

## 一、不同收获期典型草原牧草营养成分差异性分析

收获期与典型草原牧草营养成分差异比较如表 3-14 所示。

表 3-14  收获期与典型草原牧草营养成分差异比较

| 收获期 | DM（%） | CP（%DM） | EE（%DM） | ADF（%DM） | NDF（%DM） | WSC（%DM） |
|--------|---------|-----------|-----------|-----------|-----------|-----------|
| 7月20日 | 42.17±0.21f | 8.36±0.21e | 1.42±0.21e | 36.88±0.35f | 44.39±1.36f | 4.76±0.13cd |
| 8月1日 | 44.25±0.11e | 9.44±0.24d | 1.67±0.18d | 38.46±0.54e | 47.83±2.04e | 4.88±0.05c |
| 8月10日 | 52.27±0.01d | 11.85±0.10ab | 1.86±0.31bc | 39.87±1.21d | 49.07±3.18d | 5.23±0.36a |
| 8月20日 | 53.27±0.25c | 12.20±0.28a | 2.15±0.25a | 41.29±0.94c | 52.39±2.42c | 5.16±0.34ab |
| 8月30日 | 55.67±0.42b | 11.35±0.17c | 2.05±0.33a | 42.33±0.29b | 55.18±2.39b | 5.21±0.18a |
| 9月10日 | 58.24±0.37a | 6.27±0.29f | 1.93±0.01ab | 44.27±1.44a | 60.20±2.22a | 4.86±0.58c |

由表 3-14 可知，典型草原牧草 DM 含量随着收获期的延迟逐渐升高，在 9 月 10 日天然牧草 DM 含量最高，为 58.24%，7 月 20 日 DM 含量最低，为 42.17%，且两者之间差异显著（$P<0.05$），不同收获期典型草原牧草

DM 含量差异显著（$P<0.05$）。随着收获期的推进，典型草原牧草 CP 含量呈先升高后降低的变化趋势。CP 含量在 8 月 20 日最高，为 12.20% DM，9 月 10 日最低，为 6.27% DM，两者之间差异显著（$P<0.05$）。典型草原牧草 EE 含量随着收获期的推进呈升高后降低的变化趋势，以 8 月 20 日收获典型草原牧草的 EE 含量最高，为 2.15% DM，以 7 月 20 日收获典型草原牧草的 EE 含量最低，为 1.42% DM。8 月 20 日 EE 含量要高于 8 月 30 日的 EE 含量，但两者之间差异不显著（$P>0.05$），其他收获期典型草原牧草 EE 含量差异显著（$P<0.05$）。典型草原牧草的 ADF 和 NDF 含量均随着生育期的推进逐渐升高，最高值均出现在 9 月 10 日，且各收获期的典型草原牧草 ADF 和 NDF 含量之间差异显著（$P<0.05$）。典型草原牧草的 WSC 含量随着收获期的推进呈先升高后降低的变化趋势，WSC 含量最高值出现在 8 月 10 日，最低值出现在 7 月 20 日。8 月 10 日典型草原牧草 WSC 含量要高于 8 月 30 日，但两者之间差异不显著（$P>0.05$）；8 月 1 日下旬典型草原牧草 WSC 含量要高于 9 月 10 日，但两者之间差异不显著（$P>0.05$）。

## 二、不同收获期与典型草原牧草营养成分最优母序列关联分析

为了利于应用最优母序列关联分析法来研究典型草原牧草不同收获期营养成分，将上表中 DM 指标剔除，NDF 和 ADF 作差之后得到酸性洗涤溶解物，作差后的结果见表 3-15。

表 3-15　典型草原牧草不同收获期营养成分最优母序列关联

| 收获期 | CP（%DM） | EE（%DM） | ADS（%DM） | WSC（%DM） |
|---|---|---|---|---|
| 最优序列 | 11.85 | 2.15 | 15.93 | 5.23 |
| 7 月 20 日 | 8.36 | 1.42 | 7.51 | 4.76 |
| 8 月 1 日 | 9.44 | 1.67 | 9.37 | 4.88 |
| 8 月 10 日 | 11.85 | 1.86 | 9.20 | 5.23 |
| 8 月 20 日 | 12.20 | 2.15 | 11.10 | 5.16 |
| 8 月 30 日 | 11.35 | 2.05 | 12.85 | 5.21 |
| 9 月 10 日 | 6.27 | 1.93 | 15.93 | 4.86 |

为了消除因量纲产生的影响，需进行均值变换，即对每一个指标进行均值处理，然后将每列中的测定值与该列的均值相除，得到对应值，均值处理见表 3-16。

表 3-16　典型草原牧草不同收获期营养成分均值化矩阵

| 收获期 | CP（%DM） | EE（%DM） | ADS（%DM） | WSC（%DM） |
|---|---|---|---|---|
| 最优序列 | 1.34 | 1.16 | 1.45 | 1.04 |
| 7 月 20 日 | 0.92 | 0.77 | 0.68 | 0.95 |
| 8 月 1 日 | 1.04 | 0.90 | 0.85 | 0.97 |
| 8 月 10 日 | 1.30 | 1.01 | 0.84 | 1.04 |
| 8 月 20 日 | 1.34 | 1.16 | 1.01 | 1.03 |
| 8 月 30 日 | 1.25 | 1.11 | 1.17 | 1.04 |
| 9 月 10 日 | 0.69 | 1.04 | 1.45 | 0.97 |

如表 3-16 所示，表中的指标可以反映出收获期和营养成分信息，且各个指标的数值越大，表明该指标值其可能是该收获期营养价值高的特征。

计算绝对差值矩阵，计算结果见表 3-17。

表 3-17　典型草原牧草不同收获期营养成分绝对差值矩阵

| 收获期 | CP（%DM） | EE（%DM） | ADS（%DM） | WSC（%DM） |
|---|---|---|---|---|
| 最优序列 | 0.65 | 0.39 | 0.77 | 0.09 |
| 7 月 20 日 | 0.42 | 0.39 | 0.77 | 0.09 |
| 8 月 1 日 | 0.30 | 0.26 | 0.60 | 0.07 |
| 8 月 10 日 | 0.04 | 0.15 | 0.61 | 0.01 |
| 8 月 20 日 | 0.00 | 0.00 | 0.44 | 0.01 |
| 8 月 30 日 | 0.09 | 0.05 | 0.28 | 0.01 |
| 9 月 10 日 | 0.65 | 0.12 | 0.00 | 0.07 |

从表中找出最大绝对差值 $\Delta_{max} = 0.77$，最小绝对差值 $\Delta_{min} = 0.00$，分辨系数 $\rho$ 为 0.39。

计算关联系数。关联系数是为了反映两个被比较的序列在某一时刻的紧密程度。

表 3-18 典型草原牧草不同收获期营养成分关联系数矩阵

| 收获期 | CP（%DM） | EE（%DM） | ADS（%DM） | WSC（%DM） | 关联度 |
|---|---|---|---|---|---|
| 最优序列 | 1.00 | 1.00 | 1.00 | 1.00 | 1.00 |
| 7月20日 | 0.42 | 0.44 | 0.28 | 0.77 | 0.48 |
| 8月1日 | 0.50 | 0.54 | 0.33 | 0.81 | 0.55 |
| 8月10日 | 0.88 | 0.67 | 0.33 | 1.00 | 0.72 |
| 8月20日 | 1.00 | 1.00 | 0.41 | 0.97 | 0.85 |
| 8月30日 | 0.77 | 0.86 | 0.52 | 1.00 | 0.79 |
| 9月10日 | 0.32 | 0.71 | 1.00 | 0.81 | 0.71 |

通过表 3-18 可知，典型草原牧草与营养成分紧密度较高的收获期排序依次为：8月20日>8月30日>8月10日>9月10日>8月1日>7月20日。

# 第七节　不同收获期典型草原天然牧草营养品质分析

单种牧草营养分析如表 3-19 所示。

表 3-19 天然牧草营养品质

| 牧草品种 | DM（%） | CP（%DM） | EE（%DM） | ADF（%DM） | NDF（%DM） | WSC（%DM） |
|---|---|---|---|---|---|---|
| 鸢尾 | 45.43±0.27 | 7.24±0.27 | 3.27±0.05 | 36.46±0.32 | 65.17±1.97 | 8.04±0.34 |
| 大花飞燕草 | 55.21±0.29 | 7.25±0.29 | 3.06±0.21 | 38.94±0.33 | 57.66±1.26 | 6.13±0.61 |
| 达乌里胡枝子 | 60.25±0.15 | 8.36±0.15 | 2.99±0.33 | 34.26±0.29 | 51.77±1.55 | 6.03±0.01 |
| 蒺藜 | 63.77±0.27 | 7.75±0.27 | 1.85±0.18 | 42.11±0.68 | 56.18±2.11 | 5.17±0.10 |
| 柔毛蒿 | 45.92±0.26 | 6.81±0.26 | 1.73±0.27 | 38.19±083 | 56.27±3.54 | 4.57±0.07 |
| 岩败酱 | 55.72±1.13 | 8.33±1.13 | 1.44±0.11 | 36.83±0.51 | 53.22±3.29 | 4.29±0.25 |
| 蒙古野韭 | 55.43±0.18 | 8.48±0.18 | 2.54±0.06 | 31.52±0.52 | 49.15±2.34 | 2.66±0.38 |
| 麻花头 | 56.88±1.35 | 8.81±1.35 | 1.76±0.30 | 37.36±0.33 | 62.14±1.11 | 2.38±0.26 |
| 冰草 | 53.43±0.29 | 9.43±0.29 | 1.84±0.06 | 35.83±0.37 | 57.89±0.67 | 4.11±0.24 |
| 羊草 | 64.72±0.83 | 6.84±0.83 | 1.72±0.21 | 43.26±0.18 | 65.23±2.38 | 6.04±0.42 |

（续表）

| 牧草品种 | DM（%） | CP（%DM） | EE（%DM） | ADF（%DM） | NDF（%DM） | WSC（%DM） |
|---|---|---|---|---|---|---|
| 冷蒿 | 44.25±0.11 | 8.76±0.11 | 1.67±0.18 | 39.87±1.21 | 60.20±2.22 | 2.60±0.12 |
| 米口袋 | 47.33±0.24 | 9.44±0.24 | 1.53±0.27 | 40.85±1.55 | 57.32±1.39 | 3.36±0.84 |
| 牦牛儿苗 | 47.45±1.28 | 9.51±1.28 | 1.37±0.33 | 41.26±0.43 | 48.21±3.37 | 3.33±0.19 |
| 狼毒（瑞香科） | 51.39±0.32 | 9.69±0.32 | 1.31±0.29 | 38.63±0.26 | 45.33±1.96 | 2.22±0.34 |
| 甘草 | 48.26±0.29 | 9.74±0.29 | 1.52±0.05 | 38.65±0.55 | 50.14±2.18 | 4.96±0.51 |
| 大针茅 | 62.37±0.96 | 4.92±0.96 | 1.66±0.41 | 45.17±0.39 | 53.37±2.26 | 4.06±0.24 |
| 草麻黄 | 44.38±0.39 | 8.17±0.39 | 1.74±0.42 | 42.55±0.66 | 47.68±0.94 | 3.28±0.26 |
| 唐松草 | 53.59±0.28 | 12.65±0.28 | 1.58±0.29 | 35.83±0.29 | 46.35±1.33 | 5.16±0.34 |
| 菊叶委陵菜 | 59.46±2.19 | 8.35±2.19 | 1.55±0.06 | 33.29±0.47 | 37.46±2.36 | 4.51±0.11 |
| 狗尾草 | 45.27±2.39 | 7.29±2.39 | 1.76±0.08 | 35.18±0.28 | 42.18±1.73 | 2.21±0.26 |
| 大仔蒿 | 35.21±0.39 | 10.29±0.39 | 1.67±0.21 | 41.29±0.52 | 61.86±1.84 | 1.38±0.27 |
| 狼毒（大戟科） | 43.13±1.29 | 9.17±1.29 | 1.51±0.35 | 40.66±0.24 | 58.32±1.66 | 2.33±0.54 |
| 大麻 | 35.26±0.29 | 9.38±0.29 | 1.72±0.18 | 41.39±00.4 | 67.23±1.27 | 1.22±0.83 |
| 草芸香 | 55.39±0.38 | 11.29±0.38 | 1.84±0.11 | 35.80±0.29 | 52.07±1.33 | 5.47±0.22 |
| 野豌豆 | 51.24±0.29 | 6.88±0.29 | 1.83±0.36 | 34.11±0.38 | 43.62±2.29 | 4.35±0.33 |
| 狗娃花 | 54.93±0.29 | 6.61±0.29 | 2.04±0.28 | 35.49±0.26 | 57.18±2.04 | 3.67±0.37 |
| 叉分蓼 | 45.55±1.48 | 7.85±1.48 | 1.41±0.19 | 44.73±0.36 | 63.55±1.86 | 1.29±0.29 |
| 苦参 | 46.35±056 | 8.14±056 | 1.65±0.25 | 34.25±0.33 | 62.34±1.92 | 2.79±0.20 |
| 扁蓿豆 | 45.29±0.35 | 7.38±0.35 | 1.99±0.04 | 35.96±0.29 | 58.20±1.23 | 5.13±0.04 |
| 欧李 | 45.47±0.28 | 8.27±0.28 | 1.79±0.03 | 40.23±0.51 | 56.63±2.27 | 4.06±0.11 |
| 糙隐子草 | 41.22±0.25 | 6.44±0.25 | 2.43±0.07 | 43.52±0.39 | 49.73±1.85 | 3.50±0.29 |
| 中华隐子草 | 51.44±0.29 | 8.62±0.29 | 1.42±0.25 | 37.64±0.14 | 53.11±2.22 | 3.07±0.34 |
| 天门冬 | 48.25±0.35 | 9.26±0.35 | 1.86±0.33 | 39.66±0.33 | 50.27±1.94 | 3.92±0.27 |

　　对典型草原 33 种牧草的 6 个指标（DM、CP、EE、NDF、ADF 和 WSC）进行类平均聚类分析，可将 33 种植物分成两大类，第一类牧草中含有较高的 NDF 和 ADF，共有 13 种植物；第二类牧草中 NDF 和 ADF 含量较低，共有 20 种植物。

# 第八节　典型草原牧草营养品质研究分析

草甸草原、典型草原和荒漠草原是天然草原 3 种主要类型。典型草原在内蒙古地区跨度较大，植被种类较多，群落特性复杂（沈海花，2016）。本试验中典型草原牧草共有 33 种，以羊草为优势种，这与许玉凤等（2017）关于赤峰巴林左旗草原主要分布区物种组成及多样性的研究结果中优势种为寸草（*Carex duriuscula* C. A. Meg.）不同，产生这种差异的原因是两个试验地的气候和地理环境条件不同。本试验地位于巴林左旗查干哈达苏木，该地区植被茂密，种群结构复杂，已经形成独特的气候条件，降水量集中，气候较为适宜，充足的降水量和适宜的气候对天然牧草生长和种群种类增加起到了积极的促进作用。

王红梅（2014）在研究天然草地不同植物群落时发现，其 9 号群落和 16 号群落也以贝加尔针茅和羊草为主，二者 WSC 含量较高，分别为 11.93%DM 和 11.13%DM。本试验中 WSC 含量在 1.22%~8.04%DM，与其试验结果相差较大，可能是由于不同试验地的生长环境和气候条件的差异性导致的。由于植物本身的特性往往会造成营养品质的差异性（尉小霞，2018），李江文（2016）等研究天然草原牧草发现，试验地的牧草种类可分 15 科 32 属，其中，豆科牧草的粗蛋白质含量要明显高于禾本科牧草，本研究发现豆科牧草 CP 平均值为 8.09%DM，禾本科牧草粗蛋白质平均值为 7.4%DM，与其研究一致。刘兴波（2015）在研究草甸草原牧草养分对利用强度及加工方式的响应时发现，不同种类天然牧草纤维含量不同，可根据牧草纤维含量的不同进行分类利用，从而提高牧草利用率。本研究利用类平均法将 33 种牧草分为两类，其中 13 种牧草的 ADF 和 NDF 含量较高，主要也是依据纤维含量的高低进行分类。薛艳林（2014）对内蒙古自治区草地资源研究后发现，对内蒙古自治区天然草原针茅中性洗涤纤维含量范围在 63.88%~75.53%DM，酸性洗涤纤维在 35.71%~47.63%DM，羊草中性洗涤纤维在 50. 54%~70. 34%DM，酸性洗涤纤维在 30. 77%~45. 47%DM，本研究中针茅、羊草的 NDF 和 ADF 含量分别为 65. 23%DM、43. 26%DM 和 53. 37%DM、45. 17%DM，与其研究结果区间一致。

## 一、典型草原牧草最适收获期对其营养品质的影响

近几年，牧草的适时收获期越来越受到国内外研究人员的重视，目前研究重点主要集中在收获期对草产量、品质和返青率的影响。牧草适时收获应当满足以下基本条件：首先，收获要利于牧草产量提高和生长发育；其次，收获后的牧草要保持较高的营养品质；最后，收获后有利于牧草根部营养物质的富集，保证牧草可以安全过冬。Sarwatt（1990）研究发现，盛花期刈割苜蓿，干物质产量增加 18%，但干物质消化率和粗蛋白质含量却分别下降了 5.4% 和 8.0%。Jefferson（1992）研究结果发现，随着苜蓿生育期的延长，草产量和干物质含量一直增加，营养物质却呈现先增加后降低的变化趋势，现蕾期是一般豆科牧草营养物质升降的临界点。Brown（1979）研究发现，牧草在初花期刈割时，CP 含量保持在最高值，且还可以获得较高的产量。云锦凤等（1989）研究结果发现，冰草在返青之后，随着生育期的延长，草产量随之增加，干草产量的变化趋势呈双曲线变化。以上研究结果表明，收获期对于牧草营养品质保存具有重要影响，随着牧草生育期不断延长，产草量逐渐增加，但品质却逐渐降低。主要由于收获期的延长会造成纤维类物质增加，茎秆木质化程度加重，且叶片凋落现象较为严重。因此，对于天然牧草的收获往往要兼顾单位面积产草量和营养品质。

收获期对于牧草产量、品质和返青有着显著影响，适时收获可以保证牧草产量和营养价值（都帅，2016）。众多学者研究发现，产草量和营养物质含量存在明显负相关，前期牧草产量低但营养价值高，后期草产量高营养但价值低，所以如何衡量产量高、品质好的时间节点，对于提高牧草产量和保存营养价值具有重要意义（王常慧等，2004；高彩霞等，1997；李青云，1995）。冯骁骋（2014）研究结果表明，7 月 20 日收获天然牧草会获得较高的营养价

值。本试验中 8 月 20 日收获天然牧草营养价值最高，与冯骁骋的研究结果不同，造成这种差异的原因主要是地理位置和气候条件的差异所导致的，试验地 7 月降水量较少，8 月初才开始降雨，随着降水量逐渐增加，且温度条件较为适宜，适宜的降雨和温度条件促进了天然牧草生长，试验地内一年生牧草数量增加，新生牧草鲜嫩，牧草群落营养价值较高，提高了植物群落粗蛋白质含量（李倩，2018），因此，CP 含量在 8 月 20 日达到最大值。8 月 20 日之后，由于牧草本身的特性，牧草生长由营养生长转变为生殖生长阶段（李小娟，2017），CP 含量随之降低。有众多研究表明，收获期对于牧草的粗蛋白质含量起到一定的影响。Morrison（1991）研究发现，随着生育期的延长，牧草 CP 含量逐渐下降。Bruce 等（1995）通过对苜蓿生育期研究发现，由营养期向生长期转变时，苜蓿整株 CP 含量明显降低，由营养期的 26.1%DM 降低到生长期 12.3%DM。邝肖等（2018）研究发现，在最适收获期刈割牧草时，可以取得较好品质的牧草，以上结果与本试验结果相似，均证明收获期对于牧草营养品质具有重要影响。

牧草的成熟程度与总蛋白和纤维含量的变化有较大关系，随着植物成熟度的不断增加，牧草体内 ADF、NDF 含量随生育期的延长而逐渐增加，纤维素含量和相对饲喂价值对维持家畜正常的发酵功能具有重要影响，但是纤维素含量过高会影响反刍家畜的采食量和适口性（孙万斌，2016；梁建勇，2015）。因此，适宜的纤维素含量与家畜生长发育有着重要的关系（刘洋，2008）。在本研究中，当地传统收获时间往往在 9 月 20 日左右，此时干草产量虽然较高，但牧草颜色枯黄，纤维类物质含量较高，营养价值已经严重下降，CP 和 WSC 含量较低，家畜采食量降低。本研究中，在 8 月 20 日左右收获牧草，CP 含量要显著高于传统模式收获牧草的 CP 含量（$P<0.05$），纤维含量则显著低于传统模式收获牧草的纤维含量（$P<0.05$）。通过对天然牧草适时收获期的研究和筛选，从根本上改变了传统牧草收获模式，改变秋季刈割、贮存霜黄草的传统打草模式。适时收获不但可以有效地保存天然牧草的营养价值，而且从根本上解决了天然牧草在刈割后补偿生长和安全越冬的问题，有效地保护了生态环境，使天然草地得到最大限

度的利用和恢复，实现了天然草地的可持续利用（李福厚，2017；祖日古丽，2016）。

## 二、典型草原牧草最佳收获工艺条件对其品质的影响

收获工艺往往会影响天然牧草营养物质含量、消化特性和返青率的高低（曹启民，2018）。天然牧草因其特殊的生长环境和生理特性，在收获过程中往往会受到很多因素的影响，如牧草种类、收获期、降雨条件、生长环境、刈割次数、刈割强度和土壤条件等（张晓佩，2014）。由于内蒙古高纬度的特殊环境条件，一般情况下，豆科牧草 7 月末进入现蕾期，禾本科牧草 7 月末进入收穗期（杨灿鑫，2018；王颖，2015）。有时由于降水量较小，造成牧草生长缓慢，生育期延迟（舒佳礼，2014）。通过研究内蒙古天然草原牧草时发现，在进入开花期后，天然牧草的 CP 含量会随着生育期的延长而降低，开花期和开花后期的 CP 含量要比开花前期降低 3.2% 和 5.8% 左右，而 DM 含量和纤维类物质含量随牧草生育期的延长而逐渐增加（董臣飞，2010）。天然牧草干草收获过程中粗蛋白质含量是考虑的首要条件，天然牧草在其生长期内，收获期会对牧草 CP 含量造成一定的影响。随着收获期的延长，天然牧草植株 DM、NDF 和 ADF 含量逐渐增加，但 CP 含量和水分含量逐渐降低（王常慧，2004）。苜蓿整株草粉、叶粉和茎粉的 NDF 和 ADF 含量随着收获期的延长逐渐上升（杨雅婷，2010）。黄河滩区种植的白三叶和苜蓿两种牧草的营养品质随收获期的延长逐渐下降（Лерелраво，1995）。种植多年的紫羊茅和黑麦草两种牧草的 CP 含量也随收获期的延长而逐渐降低（刘太宇，2013）。本试验中 8 月 20 日左右刈割天然牧草，CP 含量保持在较高水平，8 月 10 日刈割时，天然牧草正处在生长期，营养物质含量较少，而在 8 月 30 日刈割时，天然牧草的 ADF 和 NDF 含量较高，若此时牧草生长得不到适当的雨水，会促使牧草提前进入枯黄期，获得牧草营养品质较差。

留茬高度是影响天然牧草生长特性的另一因素，留茬高度可以直接决定刈割对天然草地的影响程度，不同的留茬高度会对天然牧草相同的生理

指标产生不同的影响，而有些牧草则可以通过自身的超补偿性生长起到促进生长的作用，而有些牧草则会因为自身的欠补偿性生长而产生抑制作用（孙毅，2017）。例如，留茬高度会对苜蓿再生性产生较大影响，不适宜的留茬高度会对苜蓿后期生长产生抑制作用（苏晓菲，2018）。以适宜留茬高度收获黑麦草和鸭茅时，其平均密度值比进行刈割处理增加了11%左右（侯洁琼，2018）。因此，不适宜的刈割会对牧草产量造成一定的抑制作用，而适宜的刈割会促进草产量的提高。刘思禹（2018）表明，留茬高度和牧草地上生理指标关系达到极显著水平（$P<0.01$），也就是说留茬高度会直接影响牧草的生理特性，从而对牧草营养品质形成一定的影响。在高寒草甸上对天然牧草进行低留茬高度刈割时，牧草表现为欠补偿性生长，进行轻度和中度刈割时，牧草则表现为超补偿性生长（2015）。汪诗平（2001）表明，随着留茬高度逐渐降低，小糠草净增蘗数随之减少，留茬高度保持在10cm时与不刈割、留茬高度为15cm和20cm时存在极显著差异（$P<0.01$）。对牧草进行适宜留茬高度刈割后，牧草可以凭借自身的特性（如补偿性生长和均衡性生长特性）来获得产量高、品质好的牧草，而不适宜的留茬高度则会破坏牧草的生长特性，从而获得产量低、品质差的牧草（王丽华，2015）。对牧草进行适宜留茬高度刈割，可以很好地提高CP和降低ADF含量，以此来改变牧草的品质（邢虎成，2018）。杜高堂（2010）研究表明，当苏丹草 [ *Sorghum sudanense* (Piper) Stapf] 留茬高度为8cm时，其CP含量较高。对稗草 [ *Echinochloa crusgalli* (L.) Beauv.] 进行不同刈割留茬高度处理时，不同刈割留茬高度对这两种牧草的结构性碳水化合物含量产生了一定的影响（郭伟，2011）。在本试验开展过程中，当地很多牧户为了单纯地追求高产量，从而尽可能地降低牧草留茬高度，往往将刈割机器齿盘调制最低档，以此来获得较高产量的牧草，但因此忽略了牧草后期生长和返青率问题。本试验研究结果表明，处理5（留茬高度为5cm）为最适收获条件，若对牧草进行5~10cm刈割时，CP含量为10.7%DM，0cm刈割时CP含量为11.41%DM，两者CP含量均低于5cm留茬高度的CP含量，这主要是由于地上植株部分通过光合作用可以为牧草提供一定的有机

物质，这些有机物通过一定的生理生化反应直接或者间接地转化为 CP，从而提高牧草 CP 含量。

　　降水量的匮缺或者过盛会对植物的产量和营养品质造成影响（阎旭东，2018）。有众多研究（刘立山，2019；马焕香，2017；侯贤清，2018）表明，降雨可以很好地缓解旱情，增加植物的健壮程度，从而在一定程度上提高生物量。闫春娟（2018）研究表明，降水量的多少对植物的影响主要表现在植株的生长。李新乐（2013）等通过研究不同降水年型对苜蓿草产量的影响发现，降水增加对苜蓿的产量起到积极的促进作用；李富春（2018）通过研究垄沟集雨种植对旱作紫花苜蓿生长特性及品质的影响后发现，集雨可以促进紫花苜蓿产量的增加；姜佰文等（2018）通过研究降雨对反枝苋和大豆生长的影响后发现，降雨丰沛年两种植物的株高和总生物量均大于降雨正常年，降雨欠缺年则小于降雨正常年。降水量对植物的生长往往有正反两方面的影响，适当降水量可以促进作物生长，而较大的降水量则会造成作物涝灾。本研究中，天然牧草营养品质受降水量影响较大，随着降水量的逐渐增加，干物质含量逐渐增加。多数情况下，降水量主要控制植物群落 DM 含量的主要驱动力，是最重要的限制性因子（董全中，2006）。降水量和天然草地地上生物量的产生有着密切的关系，随着年均降水量的逐渐增加，地上生物量逐渐增加（王云霞，2010）。因此，无论是线性还是非线性的变化，降雨对于水分受限的天然草地牧草生长会起到一定的影响。此外，降雨对天然草地地上生物量会产生一定的调控作用，当降水量较高时，天然草地地上生物量会随之增加，这将导致牧民的牲畜数量随之增加；降水量较少的时期，牧草生长期缩短，天然草地中有毒、有害的杂草将占据主动，从而导致天然草地牧草产量降低，品质下降，家畜采食量随之降低，严重影响了畜牧业生产（刘桂霞，2010）。草产量和营养品质是牧草生产的关键之处，同化物的积累会促进干草产量的增加，同化物在不同物质形态间转化后会提高牧草的品质（周洋洋，2018）。降水量的多少会对植物的生长和营养品质产生一定的影响，焦德志（2017）采用棚栽法和人工模拟自然降雨，比较分析不同降雨格局对玉米幼苗形态建成的影响后发现，降水量对玉米幼苗的形态建成表现出明显的正、负 2 种效应，对玉米苗期地上分株而言，最佳降水量为 38.9mm，降雨频次为 5d。罗晟昇（2018）通过研究降水量对甘蔗生长的影响后发现，降水量对甘蔗的糖分具有不同程度的影响。本试验中 CP 含量随降水量的增加呈先增加后降低的变化趋势，说明适当的降雨可以保证牧草生长的正常水分需求，促进 CP 的合成代谢，在显著提高牧草产量的同时，也能有效地改善牧草的品质，最终实现高产、优质的双重目标。

刈割是草地常用的利用和管理方式，刈割后植物可以通过自身的补偿性生长改变牧草营养物质的有效积累，促进营养物质的再分配，从而提高牧草的产量和品质（崔浩，2017）。张云等（2008）研究认为，对天然草地进行适当刈割后，植株有时间和条件进行恢复，而凋落物的积累还可以有效地保持土壤温度和水分，有利于天然草地的保护和利用。邵新庆（2014）发现，适当刈割可以提高苜蓿的品质。在天然草场牧草生长中期进行刈割能提高牧草生物量和 CP 含量，且刈割后的牧草地上生物量和 CP 含量要显著高于未刈割的草地（$P<0.05$），这与本试验的研究结果相似，本研究中一年刈割 1 次为最优处理，要高于两年刈割 1 次的 CP 含量，说明合理刈割天然牧草，不但可以有效地保存牧草体内的营养物质成分，还可以提高草地资源利用率。而过度刈割，即两年刈割 3 次或者 4 次，会改变植物群落的资源分配策略，使得植物群落的功能性状发生改变，地上植株个体向矮小化转变，从而导致整个天然草地生态系统向衰退方向转变，这一结论在范月君等（2016）的研究中也得到证实。

### 三、典型草原牧草延迟收获品质劣化的机制

由于牧草种类不同，其 CP 含量也往往不同。根据牧草的化学性质，主要将粗蛋白质分为两种，一种是真蛋白氮，另一种为非蛋白氮（Zhang，2017）。非蛋白氮主要由游离的氨基酸、酰胺、嘌呤、嘧啶和生物碱组成，占牧草总氮含量的 30% 左右（Conesa，2008）。蛋白质组成主要包括丙氨酸、赖氨酸、谷氨酸和天冬氨酸等 20 种氨基酸，氨基酸作为蛋白质的组成

部分，对牧草体内氮代谢途径有着非常重要的作用（Smith，2006）。陈华萍（2005）研究表明，谷氨酸对于小麦体内蛋白质合成起着重要作用。范文强（2018）研究结果显示，初花期的粗蛋白质含量要明显高于盛花期，通过代谢组学分析可知初花期的谷氨酸含量要明显高于盛花期。以上研究说明氨基酸参与到牧草蛋白质合成的途径中，且氨基酸含量的多少将影响蛋白质的合成量。本研究结果表明，丙氨酸含量在羊草（YC2）和针茅（ZM2）处理中要低于羊草（YC1）和针茅（ZM1）处理，此外，嘌呤和嘧啶类物质含量均较低，丙氨酸、嘌呤和嘧啶含量的降低造成蛋白质合成前体量减少，从而可能导致蛋白质合成量下降，这是 YC2 和 ZM2 处理 CP 含量低于 YC1 和 ZM1 处理的原因之一。另外，本研究发现，苯丙氨酸含量上调，但与之相关的代谢途径中蛋白质含量并未上升，可以认为苯丙氨酸主要是来自于蛋白质的水解作用，这也可能是蛋白质含量降低的原因之一。Maskos 等（1992）研究结果显示，络氨酸通过苯丙氨酸的羟基化后，与苯丙氨酸一起参与到植物的葡萄糖和脂肪代谢过程中，共同促进糖类物质的合成。本研究结果显示，YC2 处理中糖类等物质的表达水平显著上调，与 Maskos Z 研究结果相似。

　　牧草生长和发育过程主要以氨基酸代谢为主，氨基酸作为牧草植株内氮化物的主要存在和运输方式，也促进自身氮平衡、体内酶和激素等物质合成（Oms-Oliu，2013）。牧草的营养品质主要依靠蛋白质含量、氨基酸组分及其平衡状态，氨基酸含量的高低会影响蛋白质合成的多少。氨基酸作为牧草营养品质的决定因子之一，目前与氨基酸相关的研究也是目前学者的研究热点（Glaubitz，2015）。Block（2018）研究表明，提高作物的品质不能单纯地依靠蛋白质和氨基酸含量的简单累积，而是应该结合作物产量，特别是必需氨基酸所占的比例进行综合评价（Mossé，1985）。在氮代谢途径中，首先是氨的同化作用，随后氨基酸氮被吸收参与到氮代谢中。氨的同化首先形成谷氨酰胺和谷氨酸，随后再形成其他的氨基酸和蛋白质，谷氨酸在氮代谢途径中占据着重要的位置，因为谷氨酸是蛋白质合成的最初前体，谷氨酸合成主要由 α-酮戊二酸和氨基酸转氨酶的作用下共同合成

（Kuang，2016）。本研究中，谷氨酸含量下降，即蛋白质合成前体含量减少，从而造成牧草蛋白质合成量降低，表现为牧草体内 CP 含量降低，主要原因是谷氨酸含量的降低直接影响了牧草植株内的代谢，影响了后期蛋白质的合成，进而对牧草的品质产生了影响（Zhang，2015）。

目前，DM、CP、NDF、ADF 和 WSC 等指标的高低是衡量牧草营养价值的基准（郭龙，2016），其中 CP 含量是评价牧草品质的主要指标，由于牧草本身生理特性的异质性，不同收获期牧草的 CP 含量不同，要想获得高 CP 的牧草，需要选择适宜的时期进行收获（Karayilanli，2016）。蛋白质主要依靠氨基酸的生理生化反应合成（Mossé，1985），而丙氨酸作为蛋白质合成的重要前体物质，对蛋白质的形成具有重要的影响，可以说丙氨酸含量对牧草品质优劣具有重要影响，本试验通过研究丙氨酸等氨基酸对牧草 CP 的影响，从分子水平诠释了氨基酸对于牧草品质评价的重要性。因此，综合本试验的分析结果，下一步需要继续研究谷氨酸等氨基酸分子与牧草品质变化之间的关系，加强蛋白质合成前体和牧草品质之间关系的研究，从分子水平重新来探讨干草品质的评定指标。

# 第四章　典型草原牧草最适收获条件筛选研究

## 第一节　典型草原牧草最适收获条件筛选

本试验根据影响典型草原牧草品质、消化率和返青率的因素设计四因素三水平 L9（3⁴）正交试验，四因素包括收获时间、留茬高度、降水量和刈割次数。参照当地收获时间，设定三个收获时间水平，分别为 8 月 1 日、8 月 20 日和 9 月 10 日；以当地留茬高度（0cm）为基准，设定三个留茬高度水平，分别为 0cm、5cm（增加 50%）和 5~10cm；试验地面积为 16m²，以当地降水（8—9 月平均降水量为 25mm）为基准，设定三个降水量水平，人工模拟降雨，使用喷嘴型槽式人工模拟降雨机装置，该降雨模拟器降雨方式为摆动式，有效雨滴降落高度为 2.6m，降雨水源采用自来水。降雨强度设定为 12.5mm（减少 50% 降水量）、25mm（当地 8—9 月平均降水量）和 37.5mm（增加 50% 降水量），当有自然降雨时，用苫布遮挡试验小区，防止自然降雨对于试验结果的影响；为了指导当地牧草刈割技术，参照当地刈割次数设定三个水平，分别为两年 1 次、一年 1 次和两年 3 次，每个试验重复 3 次。本研究通过测定典型草原牧草营养成分、消化率和返青率等指标，明晰不同收获因素对各项指标的影响，确定最佳营养保存处理，筛选最适收获条件。

表 4-1　四因素三水平设计表

| 试验编号 | 因　素 | | | |
| --- | --- | --- | --- | --- |
| | 收获时间 | 留茬高度（cm） | 降水量（mm） | 刈割次数 |
| S1 | 8 月 1 日 | 0 | 12.5 | 两年 1 次 |

（续表）

| 试验编号 | 因　素 | | | |
| --- | --- | --- | --- | --- |
| | 收获时间 | 留茬高度<br>（cm） | 降水量<br>（mm） | 刈割次数 |
| S2 | 8月1日 | 5 | 25 | 一年1次 |
| S3 | 8月1日 | 5~10 | 37.5 | 两年3次 |
| S4 | 8月20日 | 0 | 12.5 | 两年1次 |
| S5 | 8月20日 | 5 | 25 | 一年1次 |
| S6 | 8月20日 | 5~10 | 37.5 | 两年3次 |
| S7 | 9月10日 | 0 | 12.5 | 两年1次 |
| S8 | 9月10日 | 5 | 25 | 一年1次 |
| S9 | 9月10日 | 5~10 | 37.5 | 两年3次 |

# 第二节　收获条件对牧草营养品质的影响

天然牧草营养物质和体外消化率组成如表4-2所示。

表4-2　天然牧草营养物质和体外消化率组成

| 项　目 | 组　成 | 含量 |
| --- | --- | --- |
| 化学组成 | 干物质（DM,%） | 48.12 |
| | 粗蛋白质（CP,%DM） | 10.82 |
| | 粗脂肪（EE,%DM） | 2.01 |
| | 中性洗涤纤维（NDF,%DM） | 56.85 |
| | 酸性洗涤纤维（ADF,%DM） | 38.29 |
| | 相对饲喂价值（RFV） | 96.65 |
| | 可溶性碳水化合物（WSC,%DM） | 2.15 |

（续表）

| 项　目 | 组　成 | 含量 |
|---|---|---|
| | 总能（GE, MJ/kg） | 15.00 |
| | 消化能（DE, MJ/kg） | 7.62 |
| 体外消化率 | 干物质消化率（IVDMD,%） | 54.12 |
| | 蛋白消化率（IVCPD,%） | 62.63 |
| | 酸性洗涤纤维消化率（IVNDFD,%） | 52.37 |
| | 中性洗涤纤维消化率（IVADFD,%） | 42.64 |

## 一、收获条件对天然牧草 DM 的影响

将典型草原牧草中的 DM 作为一个因子，连同收获时间、留茬高度、降水量和刈割次数四个因子，每个因子三个水平，在这四个因子的协同作用中，四个因子对天然牧草 DM 的影响存在差异性。K1、K2 和 K3 分别表示不同水平下 DM 的平均值，各因子对天然牧草 DM 的影响通过极差分析后，得出的差值越大表示该因子对天然牧草 DM 影响越大，差值越小表明影响越小，结果如表4-3所示。

表4-3　干物质结果分析表

| 试验编号 | 因　素 | | | | DM（%） |
|---|---|---|---|---|---|
| | 收获时间 | 留茬高度（cm） | 降水量（mm） | 刈割次数 | |
| 1 | 8月1日 | 0 | 12.5 | 两年1次 | 50.96 |
| 2 | 8月1日 | 5 | 25.0 | 一年1次 | 51.11 |
| 3 | 8月1日 | 5~10 | 37.5 | 两年3次 | 51.13 |
| 4 | 8月20日 | 0 | 12.5 | 两年1次 | 53.66 |
| 5 | 8月20日 | 5 | 25.0 | 一年1次 | 53.67 |
| 6 | 8月20日 | 5~10 | 37.5 | 两年3次 | 53.72 |
| 7 | 9月10日 | 0 | 12.5 | 两年1次 | 56.79 |
| 8 | 9月10日 | 5 | 25.0 | 一年1次 | 56.77 |
| 9 | 9月10日 | 5~10 | 37.5 | 两年3次 | 56.82 |

由表 4-3 可知，通过正交分析 $R$ 值可以得出，极差大小排序为 D>C> A>B，表明四个因子中刈割次数对天然牧草 DM 含量影响最大，降水量对天然牧草 DM 含量影响较大，收获时间对天然牧草 DM 含量影响较小，留茬高度在上述四个因素中对天然牧草 DM 含量影响最小。天然牧草 DM 含量在不同处理中存在差异性，通过 K 值大小可以获知天然牧草最适收获条件为 $A_3B_3C_3D_3$。试验编号 9 中天然牧草 DM 含量最高。

由表 4-4、表 4-5 可知，A 因子第一、第二水平低于第三水平（$P<0.05$），B 因子的第三水平高于第一、第二水平（$P<0.05$），C 因子的第三水平高于第一、第二水平（$P<0.05$），D 因子第一水平高于第二、第三水平（$P<0.05$）。由此可知，试验编号 9 中天然牧草 DM 最高。

表 4-4　DM 方差分析表

| 方差来源 | 自由度 | 偏差平方和 | 平均平方和 | $F$ 比值 | 显著性 |
| --- | --- | --- | --- | --- | --- |
| A | 2 | 0.03 | 0.02 | infinity | <0.0001 |
| B | 2 | 147.94 | 73.97 | infinity | <0.0001 |
| C | 2 | 19.99 | 9.99 | infinity | <0.0001 |
| D | 2 | 18.83 | 9.41 | infinity | <0.0001 |
| 误差 | 2 | 68.11 | 34.05 | | |

表 4-5　四因子水平下 DM 含量变化

| 水平 | A 因子 | B 因子 | C 因子 | D 因子 |
| --- | --- | --- | --- | --- |
| 1 | 56.80±2.18c | 53.07±1.21c | 52.78±1.03c | 52.81±1.05a |
| 2 | 56.86±1.73b | 53.68±2.11b | 53.87±1.13b | 53.87±1.21b |
| 3 | 56.88±1.57a | 53.79±1.95a | 54.89±2.05a | 54.86±1.28c |

## 二、收获条件对天然牧草粗蛋白质的影响

将典型草原牧草中的 CP 作为一个因子，连同收获时间、留茬高度、降

水量和刈割次数四个因子，每个因子三个水平，在这四个因子的协同作用中，四个因子对天然牧草 CP 的影响存在差异性。K1、K2 和 K3 分别表示不同水平下 CP 的平均值，各因子对天然牧草 CP 的影响通过极差分析后，得出的差值越大表示该因子对天然牧草 CP 影响越大，差值越小表明影响越小，结果如表 4-6 所示。

表 4-6　粗蛋白质结果分析表

| 试验编号 | 因　　素 | | | | CP（%DM） |
| --- | --- | --- | --- | --- | --- |
| | 收获时间 | 留茬高度（cm） | 降水量（mm） | 刈割次数 | |
| 1 | 8 月 1 日 | 0 | 12.5 | 两年 1 次 | 10.65 |
| 2 | 8 月 1 日 | 5 | 25 | 一年 1 次 | 11.40 |
| 3 | 8 月 1 日 | 5~10 | 37.5 | 两年 3 次 | 11.18 |
| 4 | 8 月 20 日 | 0 | 12.5 | 两年 1 次 | 10.70 |
| 5 | 8 月 20 日 | 5 | 25 | 一年 1 次 | 11.80 |
| 6 | 8 月 20 日 | 5~10 | 37.5 | 两年 3 次 | 11.41 |
| 7 | 9 月 10 日 | 0 | 12.5 | 两年 1 次 | 7.60 |
| 8 | 9 月 10 日 | 5 | 25 | 一年 1 次 | 7.40 |
| 9 | 9 月 10 日 | 5~10 | 37.5 | 两年 3 次 | 7.32 |

由表 4-6 可知，通过正交分析 $R$ 值可以得出，极差大小排序为 A>B>D>C，说明四个因子中以刈割时间对天然牧草 CP 品质影响最大，留茬高度对天然牧草 DM 品质影响次之，刈割次数对天然牧草 CP 品质影响又次之，降水量在上述四个因素中对天然牧草 CP 品质影响影响最小。天然牧草 CP 含量在不同处理中存在差异性，通过 K 值大小可以获知天然牧草最适收获条件为 $A_2B_3C_3D_1$。试验编号 5 中天然牧草 CP 含量最高。

由表 4-7、表 4-8 可知，A 因子第一、第二水平高于第三水平（$P<0.05$），B 因子的第三水平高于第一、第二水平（$P<0.05$），C 因子、D 因子对天然牧草 CP 影响不显著（$P>0.05$）。由此可知，试验编号 5 中天然牧草 CP 最高。

表 4-7 粗蛋白质方差分析表

| 方差来源 | 自由度 | 偏差平方和 | 平均平方和 | $F$ 比值 | 显著性 |
|---|---|---|---|---|---|
| A | 2 | 10.92 | 5.46 | 191.26 | <0.0001 |
| B | 2 | 1.26 | 0.63 | 22.10 | <0.0001 |
| C | 2 | 1.25 | 0.62 | 21.89 | <0.0001 |
| D | 2 | 0.47 | 0.23 | 8.36 | 0.0027 |
| 误差 | 2 | 0.51 | 0.03 | — | — |

表 4-8 四因子水平下粗蛋白含量变化

| 水平 | A 因子 | B 因子 | C 因子 | D 因子 |
|---|---|---|---|---|
| 1 | 11.30±1.04a | 9.94±0.82b | 10.36±1.03a | 10.55±0.14a |
| 2 | 11.68±1.02a | 10.39±1.01ab | 10.28±1.14a | 10.06±0.03a |
| 3 | 8.09±0.81b | 10.74±1.35a | 10.43±1.73a | 10.48±0.21a |

## 三、收获条件对天然牧草粗脂肪的影响

将典型草原牧草中的 EE 作为一个因子，连同收获时间、留茬高度、降水量和刈割次数四个因子，每个因子三个水平，在这四个因子的协同作用中，四个因子对天然牧草 EE 的影响存在差异性。K1、K2 和 K3 分别表示不同水平下 EE 的平均值，各因子对天然牧草 EE 的影响通过极差分析后，得出的差值越大表示该因子对天然牧草 EE 影响越大，差值越小表明影响越小，结果如表 4-9 所示。

表 4-9 粗脂肪结果分析表

| 试验编号 | 因　素 | | | | EE (%DM) |
|---|---|---|---|---|---|
| | 收获时间 | 留茬高度 (cm) | 降水量 (mm) | 刈割次数 | |
| 1 | 8 月 1 日 | 0 | 12.5 | 两年 1 次 | 1.62 |
| 2 | 8 月 1 日 | 5 | 25.0 | 一年 1 次 | 1.69 |
| 3 | 8 月 1 日 | 5~10 | 37.5 | 两年 3 次 | 1.63 |
| 4 | 8 月 20 日 | 0 | 12.5 | 两年 1 次 | 2.01 |
| 5 | 8 月 20 日 | 5 | 25.0 | 一年 1 次 | 2.13 |
| 6 | 8 月 20 日 | 5~10 | 37.5 | 两年 3 次 | 2.16 |

（续表）

| 试验编号 | 因　素 | | | | EE（%DM） |
|---|---|---|---|---|---|
| | 收获时间 | 留茬高度（cm） | 降水量（mm） | 刈割次数 | |
| 7 | 9月10日 | 0 | 12.5 | 两年1次 | 1.89 |
| 8 | 9月10日 | 5 | 25.0 | 一年1次 | 2.06 |
| 9 | 9月10日 | 5~10 | 37.5 | 两年3次 | 2.14 |

由表4-9可知，通过正交分析 $R$ 值可以得出，极差大小排序为 A>B>C>D，说明四个因子中以刈割时间对天然牧草 EE 品质影响最大，留茬高度对天然牧草 EE 品质影响次之，降水量对天然牧草 EE 品质影响又次之，刈割次数在上述四个因素中对天然牧草 EE 品质影响影响最小。天然牧草 EE 含量在不同处理中存在差异性，通过 K 值大小可以获知天然牧草最适收获条件为 $A_1B_1C_1D_1$。试验编号5中天然牧草 EE 含量最高。

由表4-10、表4-11可知，A 因子第二水平高于第一、第三水平（$P<0.05$），B 因子的第三水平高于第一、第二水平（$P<0.05$），C 因子、D 因子对天然牧草 EE 影响不显著（$P>0.05$）。由此可知，试验编号5中天然牧草 EE 最高。

表4-10　粗脂肪方差分析表

| 方差来源 | 自由度 | 偏差平方和 | 平均平方和 | $F$ 比值 | 显著性 |
|---|---|---|---|---|---|
| A | 2 | 10.92 | 5.46 | 191.26 | <0.0001 |
| B | 2 | 1.26 | 0.63 | 22.10 | <0.0001 |
| C | 2 | 1.25 | 0.62 | 21.89 | <0.0001 |
| D | 2 | 0.47 | 0.23 | 8.36 | 0.0027 |
| 误差 | 2 | 0.51 | 0.008 | — | — |

表4-11　四因子水平下粗脂肪含量变化

| 水平 | A 因子 | B 因子 | C 因子 | D 因子 |
|---|---|---|---|---|
| 1 | 1.69±0.03c | 1.92±0.02b | 1.94±0.81a | 1.99±0.04a |
| 2 | 2.16±0.01a | 1.95±0.01ab | 1.95±0.47a | 1.95±0.01a |
| 3 | 2.05±0.34b | 2.02±0.42a | 2.00±0.71a | 1.96±0.23a |

## 四、收获条件对天然牧草酸性洗涤纤维的影响

将典型草原牧草中的 ADF 作为一个因子，连同收获时间、留茬高度、降水量和刈割次数四个因子，每个因子三个水平，在这四个因子的协同作用中，四个因子对天然牧草 ADF 的影响存在差异性。K1、K2 和 K3 分别表示不同水平下 ADF 的平均值，各因子对天然牧草 ADF 的影响通过极差分析后，得出的差值越大表示该因子对天然牧草 ADF 影响越大，差值越小表明影响越小，结果如表 4-12 所示。

表 4-12　酸性洗涤纤维结果分析表

| 试验编号 | 因　素 | | | | ADF（%DM） |
|---|---|---|---|---|---|
| | 收获时间 | 留茬高度（cm） | 降水量（mm） | 刈割次数 | |
| 1 | 8月1日 | 0 | 12.5 | 两年1次 | 30.5 |
| 2 | 8月1日 | 5 | 25.0 | 一年1次 | 32.6 |
| 3 | 8月1日 | 5~10 | 37.5 | 两年3次 | 33.2 |
| 4 | 8月20日 | 0 | 12.5 | 两年1次 | 33.2 |
| 5 | 8月20日 | 5 | 25.0 | 一年1次 | 34.9 |
| 6 | 8月20日 | 5~10 | 37.5 | 两年3次 | 35.5 |
| 7 | 9月10日 | 0 | 12.5 | 两年1次 | 35.8 |
| 8 | 9月10日 | 5 | 25.0 | 一年1次 | 36.7 |
| 9 | 9月10日 | 5~10 | 37.5 | 两年3次 | 36.9 |

由表 4-12 可知，通过正交分析 $R$ 值可以得出，极差大小排序为 A>B>C>D，说明四个因子中以刈割时间对天然牧草 ADF 品质影响最大，留茬高度对天然牧草 ADF 品质影响次之，降水量对天然牧草 ADF 品质影响又次之，刈割次数在上述四个因素中对天然牧草 ADF 品质影响影响最小。天然牧草 ADF 含量在不同处理中存在差异性，通过 K 值大小可以获知天然牧草最适收获条件为 $A_1B_1C_1D_3$。试验编号 1 中天然牧草 ADF 含量最低。

由表 4-13，表 4-14 可知，A 因子第三水平高于第一、第二水平（$P<0.05$），B 因子的第三水平高于第一、第二水平（$P<0.05$），C 因子、D 因子对天然牧草 ADF 影响不显著（$P>0.05$）。由此可知，试验编号 1 中天然牧草 ADF 最低。

表4-13　酸性洗涤纤维方差分析表

| 方差来源 | 自由度 | 偏差平方和 | 平均平方和 | F 比值 | 显著性 |
|---|---|---|---|---|---|
| A | 2 | 94.80 | 47.40 | 26.66 | <0.0001 |
| B | 2 | 65.06 | 32.50 | 18.30 | <0.0001 |
| C | 2 | 6.76 | 3.38 | 1.90 | 0.1778 |
| D | 2 | 8.01 | 4.01 | 2.25 | 0.1339 |
| 误差 | 2 | 32.00 | 1.77 | — | — |

表4-14　四因子水平下酸性洗涤纤维含量变化

| 水平 | A 因子 | B 因子 | C 因子 | D 因子 |
|---|---|---|---|---|
| 1 | 33.83±1.82c | 34.36±1.33c | 35.83±1.13a | 36.99±2.39a |
| 2 | 36.72±1.66b | 36.39±2.09b | 36.09±2.27a | 35.66±1.55a |
| 3 | 38.37±1.03a | 38.17±2.43a | 37.00±1.33a | 36.28±4.82a |

## 五、收获条件对天然牧草中性洗涤纤维的影响

将典型草原牧草中的 NDF 作为一个因子，连同收获时间、留茬高度、降水量和刈割次数四个因子，每个因子三水平，在这四个因子的协同作用中，四个因子对天然牧草 NDF 的影响存在差异性。K1、K2 和 K3 分别表示不同水平下 NDF 的平均值，各因子对天然牧草 NDF 的影响通过极差分析后，得出的差值越大表示该因子对天然牧草 NDF 影响越大，差值越小表明影响越小，结果如表4-15 所示。

表4-15　中性洗涤纤维结果分析表

| 试验编号 | 因素 | | | | NDF（%DM） |
|---|---|---|---|---|---|
| | 收获时间 | 留茬高度（cm） | 降水量（mm） | 刈割次数 | |
| 1 | 8月1日 | 0 | 12.5 | 两年1次 | 59.2 |
| 2 | 8月1日 | 5 | 25.0 | 一年1次 | 60.9 |
| 3 | 8月1日 | 5~10 | 37.5 | 两年3次 | 61.3 |
| 4 | 8月20日 | 0 | 12.5 | 两年1次 | 64.1 |
| 5 | 8月20日 | 5 | 25.0 | 一年1次 | 64.6 |
| 6 | 8月20日 | 5~10 | 37.5 | 两年3次 | 65.2 |
| 7 | 9月10日 | 0 | 12.5 | 两年1次 | 67.3 |
| 8 | 9月10日 | 5 | 25.0 | 一年1次 | 68.1 |
| 9 | 9月10日 | 5~10 | 37.5 | 两年3次 | 68.4 |

由表4-15可知，通过正交分析 R 值可以得出，极差大小排序为 A>B>D>C，说明四个因子中以刈割时间对天然牧草 NDF 品质影响最大，留茬高度对天然牧草 NDF 品质影响次之，降水量对天然牧草 NDF 品质影响又次之，刈割次数在上述四个因素中对天然牧草 NDF 品质影响影响最小。天然牧草 NDF 含量在不同处理中存在差异性，通过 K 值大小可以获知天然牧草最适收获条件为 $A_1B_1C_1D_2$。试验编号1中天然牧草 NDF 含量最低。

由表4-16、表4-17可知，A 因子第三水平高于第一、第二水平（$P<0.05$），B 因子的第三水平高于第一、第二水平（$P<0.05$），C 因子对天然牧草 NDF 影响不显著（$P>0.05$），D 因子第一水平高于第二、三水平（$P<0.05$）。由此可知，试验编号1中天然牧草 NDF 最低。

表4-16  中性洗涤纤维方差分析表

| 方差来源 | 自由度 | 偏差平方和 | 平均平方和 | F 比值 | 显著性 |
|---|---|---|---|---|---|
| A | 2 | 284.92 | 142.46 | 415.84 | <0.0001 |
| B | 2 | 19.69 | 9.85 | 28.74 | <0.0001 |
| C | 2 | 1.24 | 0.62 | 1.80 | 0.1933 |
| D | 2 | 4.54 | 2.27 | 6.63 | 0.0070 |
| 误差 | 2 | 6.17 | 0.34 | — | — |

表4-17  四因子水平下中性洗涤纤维含量变化

| 水平 | A 因子 | B 因子 | C 因子 | D 因子 |
|---|---|---|---|---|
| 1 | 61.21±2.19c | 64.34±2.34c | 65.07±3.22a | 65.91±1.56a |
| 2 | 65.71±3.84b | 65.29±1.84b | 65.42±1.89a | 64.93±1.24b |
| 3 | 69.14±3.25a | 66.43±2.11a | 65.56±2.05a | 65.22±2.84b |

## 六、收获条件对天然牧草 RFV 的影响

将典型草原牧草中的相对饲喂价值（RFV）作为一个因子，连同收获时间、留茬高度、降水量和刈割次数四个因子，每个因子三个水平，在这四个因子的协同作用中，四个因子对天然牧草 RFV 的影响存在差异性。K1、K2 和 K3 分别表示不同水平下 RFV 的平均值，各因子对天然牧草 RFV

的影响通过极差分析后，得出的差值越大表示该因子对天然牧草 RFV 影响越大，差值越小表明影响越小，结果如表 4-18 所示。

表 4-18  正交试验相对饲喂价值结果分析表

| 试验编号 | 因　素 | | | | RFV（%） |
| | 收获时间 | 留茬高度（cm） | 降水量（mm） | 刈割次数 | |
| --- | --- | --- | --- | --- | --- |
| 1 | 8月1日 | 0 | 12.5 | 两年1次 | 102.36 |
| 2 | 8月1日 | 5 | 25.0 | 一年1次 | 97.00 |
| 3 | 8月1日 | 5~10 | 37.5 | 两年3次 | 95.66 |
| 4 | 8月20日 | 0 | 12.5 | 两年1次 | 99.17 |
| 5 | 8月20日 | 5 | 25.0 | 一年1次 | 95.11 |
| 6 | 8月20日 | 5~10 | 37.5 | 两年3次 | 91.57 |
| 7 | 9月10日 | 0 | 12.5 | 两年1次 | 96.45 |
| 8 | 9月10日 | 5 | 25.0 | 一年1次 | 90.49 |
| 9 | 9月10日 | 5~10 | 37.5 | 两年3次 | 88.23 |

由表 4-18 可知，通过正交分析 R 值可以得出，极差大小排序为 A>B>D>C，说明四个因子中以刈割时间对天然牧草 RFV 品质影响最大，留茬高度对天然牧草 RFV 品质影响次之，刈割次数对天然牧草 RFV 品质影响又次之，降水量在上述四个因素中对天然牧草 RFV 品质影响影响最小。天然牧草 RFV 含量在不同处理中存在差异性，通过 K 值大小可以获知天然牧草最适收获条件为 $A_1B_1C_1D_1$。试验编号 1 中天然牧草 RFV 含量最高。

由表 4-19，表 4-20 可知，A 因子第一水平高于第二、第三水平（$P<0.05$），B 因子的第一水平高于第二、第三水平（$P<0.05$），C 因子、D 因子对天然牧草 RFV 影响不显著（$P>0.05$）。由此可知，试验编号 1 中天然牧草 RFV 最高。

表 4-19  RFV 方差分析表

| 方差来源 | 自由度 | 偏差平方和 | 平均平方和 | F 比值 | 显著性 |
|---|---|---|---|---|---|
| A | 2 | 1 126.61 | 563.30 | 101.40 | <0.0001 |
| B | 2 | 216.26 | 108.10 | 19.40 | <0.0001 |
| C | 2 | 23.20 | 11.60 | 2.09 | 0.1525 |
| D | 2 | 6.83 | 13.00 | 2.05 | 0.1236 |
| 误差 | 2 | 99.92 | 5.55 | — | — |

表 4-20  四因子水平下 RFV 含量变化

| 水平 | A 因子 | B 因子 | C 因子 | D 因子 |
|---|---|---|---|---|
| 1 | 95.12±4.72a | 90.14±3.39a | 87.64±1.33a | 85.42±1.27a |
| 2 | 85.42±4.03b | 86.62±3.21b | 86.92±1.92a | 87.82±1.77a |
| 3 | 79.44±2.18c | 83.21±1.22c | 85.41±1.65a | 86.74±2.41a |

## 七、收获条件对天然牧草可溶性糖的影响

将典型草原牧草中的 WSC 作为一个因子，连同收获时间、留茬高度、降水量和刈割次数四个因子，每个因子三个水平，在这四个因子的协同作用中，四个因子对天然牧草 WSC 的影响存在差异性。K1、K2 和 K3 分别表示不同水平下 WSC 的平均值，各因子对天然牧草 WSC 的影响通过极差分析后，得出的差值越大表示该因子对天然牧草 WSC 影响越大，差值越小表明影响越小，结果如表 4-21 所示。

表 4-21  可溶性糖结果分析表

| 试验编号 | 因 素 | | | | WSC (%DM) |
|---|---|---|---|---|---|
| | 收获时间 | 留茬高度 (cm) | 降水量 (mm) | 刈割次数 | |
| 1 | 8月1日 | 0 | 12.5 | 两年1次 | 4.31 |
| 2 | 8月1日 | 5 | 25.0 | 一年1次 | 4.36 |
| 3 | 8月1日 | 5~10 | 37.5 | 两年3次 | 4.39 |
| 4 | 8月20日 | 0 | 12.5 | 两年1次 | 4.54 |
| 5 | 8月20日 | 5 | 25.0 | 一年1次 | 4.55 |
| 6 | 8月20日 | 5~10 | 37.5 | 两年3次 | 4.66 |

（续表）

| 试验编号 | 因素 | | | | WSC（%DM） |
|---|---|---|---|---|---|
| | 收获时间 | 留茬高度（cm） | 降水量（mm） | 刈割次数 | |
| 7 | 9月10日 | 0 | 12.5 | 两年1次 | 4.42 |
| 8 | 9月10日 | 5 | 25.0 | 一年1次 | 4.48 |
| 9 | 9月10日 | 5~10 | 37.5 | 两年3次 | 4.55 |

　　由表4-21可知，通过正交分析 $R$ 值可以得出，极差大小排序为 A>B>C>D，说明四个因子中以刈割时间对天然牧草 WSC 品质影响最大，留茬高度对天然牧草 RFV 品质影响次之，降水量对天然牧草 WSC 品质影响又次之，刈割次数在上述四个因素中对天然牧草 WSC 品质影响影响最小。天然牧草 WSC 含量在不同处理中存在差异性，通过 K 值大小可以获知天然牧草最适收获条件为 $A_1B_1C_1D_1$。试验编号6中天然牧草 WSC 含量最高。

　　由表4-22、表4-23可知，A 因子第二水平高于第一、第三水平（$P<0.05$），B 因子的第三水平高于第一、第二水平（$P<0.05$），C 因子的第三水平高于第一、第二水平（$P<0.05$），D 因子第一水平高于第二、第三水平（$P<0.05$）。由此可知，试验编号6中天然牧草 WSC 最高。

表4-22　WSC方差分析表

| 方差来源 | 自由度 | 偏差平方和 | 平均平方和 | $F$ 比值 | 显著性 |
|---|---|---|---|---|---|
| A | 2 | 0.28 | 0.14 | infinity | <0.0001 |
| B | 2 | 0.21 | 0.10 | infinity | <0.0001 |
| C | 2 | 0.08 | 0.04 | infinity | <0.0001 |
| D | 2 | 0.03 | 0.01 | infinity | <0.0001 |
| 误差 | 2 | 0.00 | 0.00 | — | — |

表4-23　四因子水平下WSC含量变化

| 水平 | A因子 | B因子 | C因子 | D因子 |
|---|---|---|---|---|
| 1 | 4.47±0.75c | 4.47±0.35c | 4.52±3.22c | 65.91±1.56a |
| 2 | 4.71±0.46a | 4.56±0.37b | 4.55±1.89b | 64.93±1.24c |
| 3 | 4.55±0.33b | 4.69±0.41a | 4.65±2.05a | 65.22±2.84b |

## 八、模糊评定

为便于进行模糊评定，将 9 个不同收获条件处理的营养指标置于表4-24。归一化结果见表4-25。

**表 4-24 不同处理对天然牧草营养品质的影响**

| 处理 | CP | EE | NDF | ADF | RFV | WSC |
|------|-------|------|------|------|--------|------|
| 1 | 10.65 | 1.62 | 59.2 | 30.5 | 102.36 | 4.31 |
| 2 | 11.40 | 1.69 | 60.9 | 32.6 | 97.00 | 4.36 |
| 3 | 11.18 | 1.63 | 61.3 | 33.2 | 95.66 | 4.39 |
| 4 | 10.70 | 2.01 | 64.1 | 33.2 | 99.17 | 4.54 |
| 5 | 11.80 | 2.13 | 64.6 | 34.9 | 95.11 | 4.55 |
| 6 | 11.41 | 2.16 | 65.2 | 35.5 | 91.57 | 4.66 |
| 7 | 7.60 | 1.89 | 67.3 | 35.8 | 96.45 | 4.42 |
| 8 | 7.40 | 2.06 | 68.1 | 36.7 | 90.49 | 4.48 |
| 9 | 7.32 | 2.14 | 68.4 | 36.9 | 88.23 | 4.55 |

**表 4-25 归一化结果**

| CP | EE | NDF | ADF | RFV | WSC |
|--------|--------|--------|--------|--------|--------|
| 0.0372 | 0.0000 | 0.0000 | 0.0000 | 0.0165 | 0.0000 |
| 0.0456 | 0.0040 | 0.0030 | 0.0069 | 0.0102 | 0.0012 |
| 0.0432 | 0.0006 | 0.0037 | 0.0088 | 0.0086 | 0.0019 |
| 0.0378 | 0.0225 | 0.0085 | 0.0088 | 0.0127 | 0.0057 |
| 0.0501 | 0.0294 | 0.0094 | 0.0144 | 0.0080 | 0.0059 |
| 0.0457 | 0.0311 | 0.0104 | 0.0164 | 0.0039 | 0.0086 |
| 0.0032 | 0.0156 | 0.0140 | 0.0174 | 0.0096 | 0.0027 |
| 0.0009 | 0.0254 | 0.0154 | 0.0204 | 0.0026 | 0.0042 |
| 0.0000 | 0.0300 | 0.0159 | 0.0210 | 0.0000 | 0.0059 |

根据前述模糊评价方法建立判断矩阵如下所示。

|  |  | CP | EE | NDF | ADF | RFV | WSC |
|---|---|---|---|---|---|---|---|
|  |  | C1 | C2 | C3 | C4 | C5 | C6 |
| CP | C1 | 1 | 7 | 5 | 5 | 9 | 7 |
| EE | C2 | 0.14 | 1 | 3 | 3 | 5 | 3 |
| NDF | C3 | 0.20 | 0.33 | 1 | 4 | 5 | 5 |
| ADF | C4 | 0.20 | 0.33 | 0.25 | 1 | 5 | 7 |
| RFV | C5 | 0.11 | 0.20 | 0.20 | 0.20 | 1 | 9 |
| WSC | C6 | 1.40 | 0.33 | 0.20 | 0.20 | 0.11 | 1 |

将每一列归一化的矩阵按行相加，计算特征向量 M＝（0.1137，0.1067，0.1088，0.1096）T，原始数据正规化后，计算评价得分向量 S＝（0.0537，0.0709，0.0668，0.0960，0.1172，0.1161，0.0625，0.0689，0.728）T。S 最高值为最优处理。由此可知试验编号 5 的 S 值最高，为最优处理。

## 九、综合评定

综合上述各指标的计算分析来看，对典型草原牧草的 CP、EE、ADF、NDF、RFV、WSC 6 个指标影响最大的是因素 A。6 个指标中 CP 是评价牧草品质优劣的最关键因素，A 因素取 A3 最适；B 因素对典型草原牧草品质影响低于 A 因素，水平取 B3；C 因素和 D 因素相近，水平取 C3 和 D1 为最佳。因此，典型草原牧草的最佳收获条件为 $A_3B_3C_3D_1$。四因素对天然牧草营养各指标影响的主次顺序见表 4-26。

表 4-26　四因素对天然牧草营养各指标影响的主次顺序

| 项目 | 主因素 |  | 次因素 |  |
|---|---|---|---|---|
| CP | A | B | D | C |
| EE | A | B | C | D |
| NDF | A | B | C | D |
| ADF | A | B | D | C |
| RFV | A | B | D | C |
| WSC | A | B | C | D |

# 第三节　收获条件对天然牧草消化能及体外消化率的影响

## 一、收获条件对天然牧草总能的影响

将典型草原牧草中的总能（GE）作为一个因子，连同收获时间、留茬高度、降水量和刈割次数四个因子，每个因子三个水平，在这四个因子的协同作用中，四个因子对天然牧草 GE 的影响存在差异性。K1、K2 和 K3 分别表示不同水平下 GE 的平均值，各因子对天然牧草 GE 的影响通过极差分析后，得出的差值越大表示该因子对天然牧草 GE 影响越大，差值越小表明影响越小，结果如表 4-27 所示。

由表 4-27 可知，正交分析 $R$ 值后可得极差大小为 A>B>C>D，说明四个因子中以刈割时间对天然牧草 GE 品质影响最大，留茬高度对天然牧草 GE 品质影响次之，降水量对天然牧草 GE 品质影响又次之，刈割次数在上述四个因素中对天然牧草 GE 品质影响影响最小。不同处理间天然牧草 GE 含量存在差异，由 K 值大小可以推断出天然牧草最适收获条件为 $A_2B_3C_3D_1$。试验编号 6 中天然牧草 GE 含量最高。

表 4-27　总能结果分析表

| 试验编号 | 因素 | | | | GE（MJ/kg） |
| --- | --- | --- | --- | --- | --- |
| | 收获时间 | 留茬高度（cm） | 降水量（mm） | 刈割次数 | |
| 1 | 8 月 1 日 | 0 | 12.5 | 两年 1 次 | 18.89 |
| 2 | 8 月 1 日 | 5 | 25.0 | 一年 1 次 | 18.86 |
| 3 | 8 月 1 日 | 5~10 | 37.5 | 两年 3 次 | 18.81 |
| 4 | 8 月 20 日 | 0 | 12.5 | 两年 1 次 | 19.06 |
| 5 | 8 月 20 日 | 5 | 25.0 | 一年 1 次 | 19.10 |
| 6 | 8 月 20 日 | 5~10 | 37.5 | 两年 3 次 | 19.14 |
| 7 | 9 月 10 日 | 0 | 12.5 | 两年 1 次 | 18.65 |
| 8 | 9 月 10 日 | 5 | 25.0 | 一年 1 次 | 18.67 |
| 9 | 9 月 10 日 | 5~10 | 37.5 | 两年 3 次 | 18.72 |

由表4-28、表4-29可知，A因子第二水平高于第一、第三水平（$P<$ 0.05），B因子的第三水平高于第一、第二水平（$P<0.05$），C因子的第三水平高于第一、第二水平（$P<0.05$），D因子第一水平高于第二、第三水平（$P<0.05$）。由此可知，试验编号6中天然牧草GE最高。

**表 4-28　GE 方差分析表**

| 方差来源 | 自由度 | 偏差平方和 | 平均平方和 | $F$ 比值 | 显著性 |
| --- | --- | --- | --- | --- | --- |
| A | 2 | 1.44 | 0.72 | 327.76 | <0.0001 |
| B | 2 | 0.09 | 0.05 | 22.70 | <0.0001 |
| C | 2 | 0.05 | 0.03 | 12.38 | 0.0004 |
| D | 2 | 0.03 | 0.02 | 7.84 | 0.0036 |
| 误差 | 2 | 0.03 | 0.00 | — | — |

**表 4-29　四因子水平下 GE 含量变化**

| 水平 | A 因子 | B 因子 | C 因子 | D 因子 |
| --- | --- | --- | --- | --- |
| 1 | 18.89±1.45b | 18.87±1.24c | 18.94±1.77b | 19.00±1.31a |
| 2 | 19.26±1.46a | 18.95±1.52b | 18.90±1.79b | 18.93±1.21b |
| 3 | 18.71±1.37c | 19.03±1.46a | 19.01±1.83a | 18.92±1.05b |

## 二、收获条件对天然牧草消化能的影响

将典型草原牧草中的消化能（DE）作为一个因子，连同收获时间、留茬高度、降水量和刈割次数四个因子，每个因子三个水平，在这四个因子的协同作用中，四个因子对天然牧草 DE 的影响存在差异性。K1、K2 和 K3 分别表示不同水平下 DE 的平均值，各因子对天然牧草 DE 的影响通过极差分析后，得出的差值越大表示该因子对天然牧草 DE 影响越大，差值越小表明影响越小，结果如表4-30所示。

表 4-30　消化能结果分析表

| 试验编号 | 因素 | | | | 消化能 DE（MJ/kg） |
| --- | --- | --- | --- | --- | --- |
| | 收获时间 | 留茬高度（cm） | 降水量（mm） | 刈割次数 | |
| 1 | 8 月 1 日 | 0 | 12.5 | 两年 1 次 | 10.29 |
| 2 | 8 月 1 日 | 5 | 25.0 | 一年 1 次 | 9.36 |
| 3 | 8 月 1 日 | 5~10 | 37.5 | 两年 3 次 | 9.41 |
| 4 | 8 月 20 日 | 0 | 12.5 | 两年 1 次 | 9.46 |
| 5 | 8 月 20 日 | 5 | 25.0 | 一年 1 次 | 9.50 |
| 6 | 8 月 20 日 | 5~10 | 37.5 | 两年 3 次 | 9.54 |
| 7 | 9 月 10 日 | 0 | 12.5 | 两年 1 次 | 8.15 |
| 8 | 9 月 10 日 | 5 | 25.0 | 一年 1 次 | 8.47 |
| 9 | 9 月 10 日 | 5~10 | 37.5 | 两年 3 次 | 8.62 |

由表 4-30 可知，正交分析 $R$ 值后可得极差大小为 A>B>C>D，说明四个因子中以收获时间对天然牧草 DE 品质影响最大，留茬高度对天然牧草 DE 品质影响次之，降水量对天然牧草 DE 品质影响又次之，刈割次数在上述四个因素中对天然牧草 DE 品质影响影响最小。不同处理间天然牧草 DE 含量存在差异，由 K 值大小可以推断出天然牧草最适收获条件为 $A_1B_1C_1D_2$。试验编号 1 中天然牧草 DE 含量最高。

由表 4-31、表 4-32 可知，D 因子对天然牧草 DE 没有显著影响（$P>0.05$）。A 因子第三水平低于第一、第二水平（$P<0.05$），B 因子的第一水平高于第二、第三水平（$P<0.05$），C 因子的第一水平高于第二、第三水平（$P<0.05$）。因此，试验编号 1 中天然牧草 DE 最高。

表 4-31　DE 方差分析表

| 方差来源 | 自由度 | 偏差平方和 | 平均平方和 | $F$ 比值 | 显著性 |
| --- | --- | --- | --- | --- | --- |
| A | 2 | 7.36 | 3.68 | 87.98 | <0.0001 |
| B | 2 | 1.42 | 0.71 | 17.07 | <0.0001 |
| C | 2 | 0.33 | 0.16 | 3.98 | 0.0369 |
| D | 2 | 0.17 | 0.09 | 2.03 | 0.1598 |
| 误差 | 2 | 0.75 | 0.04 | — | |

表4-32　四因子水平下DE含量变化

| 水平 | A因子 | B因子 | C因子 | D因子 |
|---|---|---|---|---|
| 1 | 9.40±0.47a | 9.20±1.36a | 9.08±1.11a | 8.84±1.46a |
| 2 | 9.22±0.25a | 8.99±1.22b | 8.94±1.32ab | 9.02±1.33a |
| 3 | 8.21±0.38b | 8.64±1.39c | 8.81±1.29b | 8.97±1.21a |

## 三、收获条件对典型草原牧草体外干物质消化率的影响

将典型草原牧草中的体外干物质消化率（IVDMD）作为一个因子，连同收获时间、留茬高度、降水量和刈割次数四个因子，每个因子三个水平，在这四个因子的协同作用中，四个因子对天然牧草IVDMD的影响存在差异性。K1、K2和K3分别表示不同水平下IVDMD的平均值，各因子对天然牧草IVDMD的影响通过极差分析后，得出的差值越大表示该因子对天然牧草IVDMD影响越大，差值越小表明影响越小，结果如表4-33所示。

表4-33　体外干物质消化率结果分析表

| 试验编号 | 因素 | | | | 体外干物质消化率IVDMD（%） |
|---|---|---|---|---|---|
| | 收获时间 | 留茬高度（cm） | 降水量（mm） | 刈割次数 | |
| 1 | 8月1日 | 0 | 12.5 | 两年1次 | 46.95 |
| 2 | 8月1日 | 5 | 25.0 | 一年1次 | 47.19 |
| 3 | 8月1日 | 5~10 | 37.5 | 两年3次 | 47.22 |
| 4 | 8月20日 | 0 | 12.5 | 两年1次 | 48.53 |
| 5 | 8月20日 | 5 | 25.0 | 一年1次 | 49.02 |
| 6 | 8月20日 | 5~10 | 37.5 | 两年3次 | 49.84 |
| 7 | 9月10日 | 0 | 12.5 | 两年1次 | 52.37 |
| 8 | 9月10日 | 5 | 25.0 | 一年1次 | 53.11 |
| 9 | 9月10日 | 5~10 | 37.5 | 两年3次 | 53.24 |

由表4-33可知，正交分析R值后可得极差大小为A>B>C>D，说明四个因子中以收获时间对天然牧草IVDMD品质影响最大，留茬高度对天然牧草IVDMD品质影响次之，降水量对天然牧草IVDMD品质影响又次之，刈

割次数在上述四个因素中对天然牧草 IVDMD 品质影响影响最小。由 K 值大小推断出天然牧草最适收获条件为 $A_3B_3C_3D_1$。试验编号 9 中天然牧草 IVDMD 含量最高。

由表 4-34、表 4-35 可知，D 因子对天然牧草 IVDMD 没有显著影响（$P>0.05$）。A 因子第三水平均高于第一、第二水平（$P<0.05$），B 因子的第三水平高于第一、第二水平（$P<0.05$），C 因子的第一水平低于第二、第三水平（$P<0.05$）。由此可知，试验编号 9 中天然牧草 IVDMD 最高。

表 4-34 IVDMD 方差分析表

| 方差来源 | 自由度 | 偏差平方和 | 平均平方和 | F 比值 | 显著性 |
|---|---|---|---|---|---|
| A | 2 | 136.98 | 68.49 | 212.39 | <0.0001 |
| B | 2 | 7.52 | 3.75 | 11.63 | 0.0006 |
| C | 2 | 2.79 | 1.39 | 4.33 | 0.0292 |
| D | 2 | 0.24 | 0.12 | 0.39 | 0.6855 |
| 误差 | 2 | 0.75 | 0.04 | — | — |

表 4-35 四因子水平下 IVDMD 含量变化

| 水平 | A 因子 | B 因子 | C 因子 | D 因子 |
|---|---|---|---|---|
| 1 | 48.09±2.44c | 49.72±2.68b | 49.88±2.21b | 50.44±0.94a |
| 2 | 49.51±3.64b | 50.28±3.02b | 50.55±2.28a | 50.21±3.22a |
| 3 | 53.41±2.71a | 51.01±1.99a | 50.57±3.05a | 50.36±2.18a |

## 四、收获条件对天然牧草粗蛋白质体外消化率的影响

将典型草原牧草中的粗蛋白质体外消化率（IVCPD）作为一个因子，连同收获时间、留茬高度、降水量和刈割次数四个因子，每个因子三个水平，在这四个因子的协同作用中，四个因子对天然牧草 IVCPD 的影响存在差异性。K1、K2 和 K3 分别表示不同水平下 IVCPD 的平均值，各因子对天然牧草 IVCPD 的影响通过极差分析后，得出的差值越大表示该因子对天然牧草 IVCPD 影响越大，差值越小表明影响越小，结果如表 4-36 所示。

表4-36 粗蛋白质体外消化率数据分析表

| 试验编号 | 因素 | | | | 粗蛋白质体外消化率 IVCPD（%） |
| --- | --- | --- | --- | --- | --- |
| | 收获时间 | 留茬高度（cm） | 降水量（mm） | 刈割次数 | |
| 1 | 8月1日 | 0 | 12.5 | 两年1次 | 61.63 |
| 2 | 8月1日 | 5 | 25.0 | 一年1次 | 61.29 |
| 3 | 8月1日 | 5~10 | 37.5 | 两年3次 | 61.34 |
| 4 | 8月20日 | 0 | 12.5 | 两年1次 | 62.77 |
| 5 | 8月20日 | 5 | 25.0 | 一年1次 | 62.91 |
| 6 | 8月20日 | 5~10 | 37.5 | 两年3次 | 63.04 |
| 7 | 9月10日 | 0 | 12.5 | 两年1次 | 62.42 |
| 8 | 9月10日 | 5 | 25.0 | 一年1次 | 62.45 |
| 9 | 9月10日 | 5~10 | 37.5 | 两年3次 | 62.73 |

由表4-36可知，正交分析 $R$ 值后可得极差大小为 A>B>C>D，说明四个因子中以收获时间对天然牧草IVCPD品质影响最大，留茬高度对天然牧草IVCPD品质影响次之，降水量对天然牧草IVCPD品质影响又次之，刈割次数在上述四个因素中对天然牧草IVCPD品质影响影响最小。不同处理间天然牧草IVCPD含量存在差异，由K值大小可以推断出天然牧草最适收获条件为 $A_2B_3C_3D_3$。试验编号6中天然牧草IVCPD含量最高。

由表4-37、表4-38可知，D因子对天然牧草IVCPD没有显著影响（$P>0.05$）。A因子第二水平均高于第一、第三水平（$P<0.05$），B因子、C因子的第三水平高于第一、第二水平（$P<0.05$）。由此可知，试验编号6中天然牧草IVCPD最高。

表4-37 IVCPD方差分析表

| 方差来源 | 自由度 | 偏差平方和 | 平均平方和 | $F$ 比值 | 显著性 |
| --- | --- | --- | --- | --- | --- |
| A | 2 | 8.65 | 4.32 | 32.67 | <0.0001 |
| B | 2 | 1.82 | 0.91 | 6.86 | 0.0061 |
| C | 2 | 1.29 | 0.64 | 4.86 | 0.0206 |
| D | 2 | 0.06 | 0.03 | 0.22 | 0.8071 |
| 误差 | 2 | 2.38 | 0.13 | — | — |

表 4-38　四因子水平下 IVCPD 含量变化

| 水平 | A 因子 | B 因子 | C 因子 | D 因子 |
|---|---|---|---|---|
| 1 | 61.88±4.22c | 62.29±2.14b | 62.38±2.67b | 62.61±2.04a |
| 2 | 63.27±3.89a | 62.53±3.22b | 62.47±2.43b | 62.51±0.22a |
| 3 | 62.59±3.05b | 62.92±4.32a | 62.88±1.88a | 62.61±1.94a |

## 五、收获条件对天然牧草体外酸性洗涤纤维消化率的影响

将典型草原牧草中的体外酸性洗涤纤维（IVADFD）作为一个因子，连同收获时间、留茬高度、降水量和刈割次数四个因子，每个因子三个水平，在这四个因子的协同作用中，四个因子对天然牧草 IVADFD 的影响存在差异性。K1、K2 和 K3 分别表示不同水平下 IVADFD 的平均值，各因子对天然牧草 IVADFD 的影响通过极差分析后，得出的差值越大表示该因子对天然牧草 IVADFD 影响越大，差值越小表明影响越小，结果如表 4-39 所示。

表 4-39　体外酸性洗涤纤维消化率分析表

| 试验编号 | 因素 | | | | 酸性洗涤纤维消化率 IVADFD（%） |
|---|---|---|---|---|---|
| | 收获时间 | 留茬高度（cm） | 降水量（mm） | 刈割次数 | |
| 1 | 8月1日 | 0 | 12.5 | 两年1次 | 41.24 |
| 2 | 8月1日 | 5 | 25.0 | 一年1次 | 41.35 |
| 3 | 8月1日 | 5~10 | 37.5 | 两年3次 | 42.27 |
| 4 | 8月20日 | 0 | 12.5 | 两年1次 | 43.74 |
| 5 | 8月20日 | 5 | 25.0 | 一年1次 | 44.19 |
| 6 | 8月20日 | 5~10 | 37.5 | 两年3次 | 45.17 |
| 7 | 9月10日 | 0 | 12.5 | 两年1次 | 45.93 |
| 8 | 9月10日 | 5 | 25.0 | 一年1次 | 46.82 |
| 9 | 9月10日 | 5~10 | 37.5 | 两年3次 | 47.15 |

由表 4-39 可知，正交分析 R 值后可得极差大小为 A>B>C>D，说明四个因子中以收获时间对天然牧草 IVADFD 品质影响最大，留茬高度对天然牧草 IVADFD 品质影响次之，降水量对天然牧草 IVADFD 品质影响又次之，

刈割次数在上述四个因素中对天然牧草 IVADFD 品质影响影响最小。不同处理间天然牧草 IVADFD 含量存在差异，由 K 值大小可以推断出天然牧草最适收获条件为 $A_3B_3C_3D_1$。试验编号 6 中天然牧草 IVADFD 含量最高。

由表 4-40、表 4-41 可知，四因子对天然牧草 IVADFD 具有显著影响（$P<0.05$）。A 因子、B 因子和 C 因子第三水平均高于第一、第二水平（$P<0.05$），D 因子的第二、第三水平低于第一水平（$P<0.05$）。由此可知，试验编号 8 中天然牧草 IVADFD 最高。

表 4-40  IVADFD 方差分析表

| 方差来源 | 自由度 | 偏差平方和 | 平均平方和 | F 比值 | 显著性 |
|---|---|---|---|---|---|
| A | 2 | 108.94 | 54.47 | 143.27 | <0.0001 |
| B | 2 | 20.54 | 10.27 | 27.01 | <0.0001 |
| C | 2 | 10.33 | 5.16 | 13.59 | 0.0003 |
| D | 2 | 6.82 | 3.41 | 8.97 | 0.0020 |
| 误差 | 2 | 6.84 | 0.38 | — | — |

表 4-41  四因子水平下 IVADFD 含量变化

| 水平 | A 因子 | B 因子 | C 因子 | D 因子 |
|---|---|---|---|---|
| 1 | 42.33±2.33c | 44.21±2.53b | 44.49±2.19b | 45.72±1.88a |
| 2 | 45.65±1.77b | 44.67±2.09b | 44.73±1.47b | 44.51±1.98b |
| 3 | 47.14±1.98a | 46.25±1.55a | 45.91±2.03a | 44.90±1.73b |

## 六、收获条件对天然牧草体外中性洗涤纤维消化率的影响

将典型草原牧草中的体外中性洗涤纤维消化率（IVNDFD）作为一个因子，连同收获时间、留茬高度、降水量和刈割次数四个因子，每个因子三个水平，在这四个因子的协同作用中，四个因子对天然牧草 IVNDFD 的影响存在差异性。K1、K2 和 K3 分别表示不同水平下 IVNDFD 的平均值，各因子对天然牧草 IVNDFD 的影响通过极差分析后，得出的差值越大表示该因子对天然牧草 IVNDFD 影响越大，差值越小表明影响越小，结果如表 4-42 所示。

表 4-42　体外中性洗涤纤维消化率水平分析表

| 试验编号 | 因素 | | | | 中性洗涤纤维消化率 IVNDFD（%） |
| --- | --- | --- | --- | --- | --- |
| | 收获时间 | 留茬高度（cm） | 降水量（mm） | 刈割次数 | |
| 1 | 8月1日 | 0 | 12.5 | 两年1次 | 51.63 |
| 2 | 8月1日 | 5 | 25.0 | 一年1次 | 51.29 |
| 3 | 8月1日 | 5～10 | 37.5 | 两年3次 | 51.34 |
| 4 | 8月20日 | 0 | 12.5 | 两年1次 | 52.77 |
| 5 | 8月20日 | 5 | 25.0 | 一年1次 | 52.91 |
| 6 | 8月20日 | 5～10 | 37.5 | 两年3次 | 53.04 |
| 7 | 9月10日 | 0 | 12.5 | 两年1次 | 54.11 |
| 8 | 9月10日 | 5 | 25.0 | 一年1次 | 54.34 |
| 9 | 9月10日 | 5～10 | 37.5 | 两年3次 | 54.29 |

由表 4-42 可知，正交分析 $R$ 值后可得极差大小为 A>B>D>C，说明四个因子中以收获时间对天然牧草 IVNDFD 品质影响最大，留茬高度对天然牧草 IVNDFD 品质影响次之，刈割次数对天然牧草 IVADFD 品质影响又次之，降水量在上述四个因素中对天然牧草 IVNDFD 品质影响影响最小。不同处理间天然牧草 IVNDFD 含量存在差异，由 K 值大小可以推断出天然牧草最适收获条件为 $A_3B_3C_3D_1$。试验编号 8 中天然牧草 IVNDFD 含量最高。

由表 4-43、表 4-44 可知，四因子对天然牧草 IVNDFD 具有显著影响（$P<0.05$）。A 因子、B 因子和 C 因子第三水平均高于第一、第二水平（$P<0.05$）D 因子的第二、第三水平低于第一水平（$P<0.05$）。由此可知，试验编号 8 中天然牧草 IVNDFD 最高。

表 4-43　IVNDFD 方差分析表

| 方差来源 | 自由度 | 偏差平方和 | 平均平方和 | $F$ 比值 | 显著性 |
| --- | --- | --- | --- | --- | --- |
| A | 2 | 51.41 | 25.70 | infinity | <0.0001 |
| B | 2 | 10.60 | 5.29 | infinity | <0.0001 |
| C | 2 | 2.28 | 1.14 | infinity | <0.0001 |
| D | 2 | 6.83 | 3.41 | infinity | <0.0001 |
| 误差 | 2 | 0.00 | 0.00 | — | |

表 4-44　四因子水平下 IVNDFD 含量变化

| 水平 | A 因子 | B 因子 | C 因子 | D 因子 |
|---|---|---|---|---|
| 1 | 51.59±3.88c | 52.86±3.29c | 53.31±2.47c | 54.22±3.34a |
| 2 | 54.23±2.81b | 53.35±3.45b | 53.32±2.33b | 53.28±1.98b |
| 3 | 54.75±2.65a | 54.36±2.18a | 53.93±3.11a | 53.07±2.05c |

## 七、收获条件对天然牧草返青率的影响

将典型草原牧草中的返青率作为一个因子，连同收获时间、留茬高度、降水量和刈割次数四个因子，每个因子三个水平，在这四个因子的协同作用中，四个因子对天然牧草返青率的影响存在差异性。K1、K2 和 K3 分别表示不同水平下返青率的平均值，各因子对天然牧草返青率的影响通过极差分析后，得出的差值越大表示该因子对天然牧草返青率影响越大，差值越小表明影响越小，结果如表 4-45 所示。

表 4-45　返青率分析表

| 试验编号 | 因素 | | | | 返青率（%） |
|---|---|---|---|---|---|
| | 收获时间 | 留茬高度（cm） | 降水量（mm） | 刈割次数 | |
| 1 | 8 月 1 日 | 0 | 12.5 | 两年 1 次 | 48.73 |
| 2 | 8 月 1 日 | 5 | 25.0 | 一年 1 次 | 50.09 |
| 3 | 8 月 1 日 | 5~10 | 37.5 | 两年 3 次 | 50.27 |
| 4 | 8 月 20 日 | 0 | 12.5 | 两年 1 次 | 48.92 |
| 5 | 8 月 20 日 | 5 | 25.0 | 一年 1 次 | 51.46 |
| 6 | 8 月 20 日 | 5~10 | 37.5 | 两年 3 次 | 50.34 |
| 7 | 9 月 10 日 | 0 | 12.5 | 两年 1 次 | 49.03 |
| 8 | 9 月 10 日 | 5 | 25.0 | 一年 1 次 | 52.11 |
| 9 | 9 月 10 日 | 5~10 | 37.5 | 两年 3 次 | 50.18 |

由表 4-45 可知，正交分析 $R$ 值后可得极差大小为 A>B>D>C，说明四个因子中以收获时间对天然牧草返青率品质影响最大，留茬高度对天然牧

草返青率品质影响次之，刈割次数对天然牧草返青率品质影响又次之，降水量在上述四个因素中对天然牧草返青率影响最小。不同处理间天然牧草返青率含量存在差异，由 K 值大小可以推断出天然牧草最适收获条件为 $A_2$ $B_3C_3D_1$。试验编号 8 中天然牧草返青率最高。

由表 4-46、表 4-47 可知，A 因子对天然牧草返青率有显著影响（$P <$ 0.05），B 因子的第三水平高于第一、第二水平（$P < 0.05$），C 因子的第二、第三水平高于第一水平（$P < 0.05$），D 因子的第二、第三水平低于第一水平（$P < 0.05$）。由此可知，试验编号 8 中天然牧草返青率最高。

表 4-46　返青率方差分析表

| 方差来源 | 自由度 | 偏差平方和 | 平均平方和 | $F$ 比值 | 显著性 |
|---|---|---|---|---|---|
| A | 2 | 42.22 | 21.11 | 74.45 | <0.0001 |
| B | 2 | 22.37 | 11.19 | 39.44 | <0.0001 |
| C | 2 | 7.22 | 3.61 | 12.73 | 0.0004 |
| D | 2 | 14.39 | 7.19 | 25.38 | <0.0001 |
| 误差 | 2 | 0.00 | 0.00 | — | — |

表 4-47　四因子水平下返青率变化

| 水平 | A 因子 | B 因子 | C 因子 | D 因子 |
|---|---|---|---|---|
| 1 | 50.12±0.92c | 50.88±1.24b | 50.96±1.27b | 52.68±0.99a |
| 2 | 53.19±0.88a | 51.14±1.04b | 51.79±1.33a | 51.08±1.26b |
| 3 | 51.64±0.91b | 52.93±1.77a | 52.20±1.28a | 51.19±1.23b |

# 第五章　基于代谢组学分析牧草
# 差异代谢产物研究

## 第一节　基于代谢组学分析牧草差异代谢产物分析

本试验以典型草原优势种（羊草）和建群种（针茅）为研究材料，基于代谢组学分析，利用高效液相色谱串联高分辨率质谱仪 TripleTOF 5600 在正、负离子模式下进行的代谢组检测，结合生物信息分析进行质谱数据解读。生物信息分析主要利用 XCMS 软件、进行物质检测、利用 METAX 软件进行物质定量、差异物质筛选。分别利用 METAX 软件对物质一级质谱图、利用 in-house 图谱库对物质二级质谱图进行代谢物注释，从分子水平研究导致不同收获时期针茅和羊草营养差异性的内在原因（因本试验旨在找出差异代谢产物，故不涉及品质变化共有代谢产物），为典型草原优质天然牧草的适时收获生产及合理高效利用奠定一定的理论基础，为今后优质牧草生产研究提供新的方向和思路。

本试验以针茅和羊草作为研究材料，根据前期草原调查及当地农牧局备案发现，羊草和针茅分别是当地的优势种和建群种牧草。分别以本书确定的最适收获期的羊草、针茅和当地牧民收获时的羊草、针茅作为研究对象，分别记为最适收获期（8 月 20 日左右）羊草（YC1）、针茅（ZM1）和当地收获时间（9 月 20 日左右）羊草（YC2）、针茅（ZM2），每个样品6 个生物学重复。由于当地气候原因，9 月 20 日左右牧草正值成熟期，当地牧民打草时往往会收获到"霜黄草"，颜色发黄，营养价值较低；而在最适收获期收获的牧草颜色青绿，营养价值较高。

本研究旨在明晰牧草因收获时间不同而造成品质差异的机理，从理论上厘清牧草粗蛋白质变化的原因，找出差异代谢产物，为牧民提供技术指导和理论支持。因此，本研究从代谢组水平上找出羊草和针茅的差异代谢产物，分析影响羊草和针茅品质变化的原因，正确指导牧民进行牧草收获作业。

# 第二节　天然牧草代谢组学分析

## 一、牧草代谢组成分研究

分别于最适收获期（8月20日）和当地牧民收获期（9月20日）为时间点，取羊草和针茅作各500g，每个样品8份，用PBS缓冲液将羊草和针茅样本冲洗干净，接着用锡纸包好，做好标记后立即放入液氮中速冻，之后转入-80℃冰箱保存备用。

1. 提取代谢物

取80mg样品加入液氮研磨，倒入甲醇：乙腈：水（2:2:1，$v/v$）1mL，旋转混匀，在低温环境下超声破碎0.5h，重复2次，在4℃环境中离心15min，-80℃保存样品待用。

2. 液相质谱研究

为了获取可信的数据，本研究加入质量控制（QC）样本分析，以此监控整个实验过程。利用沉淀蛋白法提取样本代谢物，取等量准备好的实验样本混合制备质控（QC）样本。利用上机对提取的样本进行随机排序，在样本前、中、后段分别插入QC样品，以此对实验技术进行重复评估。

（1）代谢物提取描述（图5-1）。样本在冰上解冻，通过50%甲醇缓冲液对代谢物进行提取。短暂搁置，20μL样本加入120μL预冷50%甲醇，涡旋1min，室温孵化10min；-20℃环境放置24h。离心20min后，移上清液至新的96孔板中。-80℃储存前质分析。

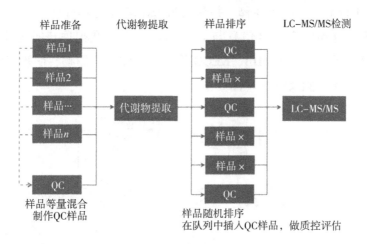

**图 5-1　代谢物提取过程**

（2）液相参数描述。所有样本均利用 LC-MS 系统上指令进行采集。均利用超高效液相色谱（UPLC）系统（SCIEX，UK）采集所有色谱。ACQU-ITY UPLC T3 列（100mm×2.1mm、1.8μm 水域，英国）主要负责反相分离。梯度洗脱规格设置为：0~0.5min，5% B；0.5~7min，5%到100%的B；7~8min，100% B；8~8.1min，100%到5%的B；8.1~10min，5%B。

（3）质谱参数描述。通过高分辨率串联质谱仪 TripleTOF 5600plus（SCIEX，英国）分析代谢物。Q-TOF 在正、负离子两种离子模式下工作。窗帘气体为 30 PSI，离子源 gas1 成立 60 PSI，离子源 gas2 成立 60 PSI，和一个接口加热器温度调试至650℃。对于正离子模式，离子喷雾电压浮动调试为 5000V。对于负离子模式，离子喷雾电压浮动调试为 -4500V。质谱数据利用 IDA 模式进行采集。TOF 质量范围为 60~1200Da。在 150ms 的时间内获取扫描，当每秒超过 100 个计数（count /s）时，并带有 1+电荷数量，则可以采集多达 12 个离子。循环总时间设定为 0.56s。

3. 信息分析流程

为了获得数据的准确性，需严格依据信息分析步骤对下机数据进行剖析。通过 Proteowizard 的 MSConvert 软件对质谱数据进行解析，转换成可读数据 mzXML。通过 XCMS 软件提取峰值，对峰值进行质控。质控后的物质通过 CAMERA 加和离子注释，并利用 MetaX 软件对其进行一级鉴定。通过质谱一级信息和质谱二级信息与 in-house 标准品数据库进行鉴定和匹配。选取鉴定物质并通过 HMDB、KEGG 等数据库注释代谢物，明晰代谢物的理化性质、生物功能及特性（图 5-2）。

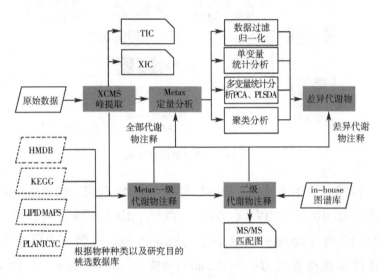

**图 5-2　信息分析流程**

通过 XCMS 软件对 MS 数据进行峰值提取、峰值分组、校正、二次峰值分组、同位素和加合物注释等预处理。将原始数据转换为 mzXML 格式后利用 XCMS 软件处理。融合保留时间（RT）和 m/z 数据，并对各离子进行识别。记录不同峰值强度，生成峰指数、样本名称和离子强度信息组成的三维矩阵。通过在线 KEGG 和 HMDB 数据库，准确比对样品准确分子质量（m/z）与分子质量数据，注释代谢产物。若观察值与数据库值相比较后，质量差小于 10mg/kg 时，则为标准代谢物。此外，我们还可以通过一个内部的代谢物片段谱库来识别和验证代谢物。通过 MetaX 对峰值强度进行预处理。在剔除 QC 样本小于 1/2 或生物样本 4/5 检测到的特征，通过 $k$ 近邻算法注入缺失值的剩余峰，从而进一步提高数据质量。通过预处理得到的数据集进行主成分分析（PCA）离群点检测和批处理效果评估。将基于质量控制的鲁棒黄土信号校正方法应用于注塑顺序的质量控制数据中，从而减弱信号强度的变化，增强实验的可靠性。

通过 $t$ 检验来检测两种表型间代谢物浓度的差异。通过 FDR（benjamin-hochberg）对 $P$ 值进行多次测试调整。利用 MetaX 监督 PLS-DA，以此区分组间的不同数据变化。计算变量权重值（VIP），选择重要值时，应使用 VIP 截止值为 1.0 时。

4. 代谢组分析仪器测定

通过高效液相色谱–质谱联用技术（HILIC UPLC-Q-TOF/MS）对典型草原不同收获期的建群种（针茅）和优势种（羊草）牧草进行代谢物分析。本次试验分析方法稳定，获得的代谢组学数据可靠。在样本分析过程中，为了验证系统的性能，通过汇总 QC 样品，将具有代表性的样品进行平均化，分析过程包括所有的样品。QC 样品是实际样品的处理，将每 5 个样品放入到 ESI 阳性或阴性中，以此分析不同批次中此监测仪器的稳定性。QC 的相似性包括峰形、分离度、保留时间和强度分布代谢物涉及的配置文件。将 5 次分析得到的 QC 样本总离子流图进行谱重叠比较后，如图 5-3、图 5-4 所示，结果表明各色谱峰的响应强度和保留时间基本重叠，说明在整个实验过程中方法稳定可靠，重复性好，稳定性好。

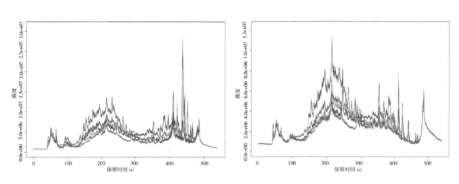

**图 5-3　总体样品（QC）TIC 重叠图谱**

由以上研究可知，本次实验仪器设备稳定、数据可靠，重复性好，在试验中取得的代谢谱差异可以很好地反映样本之间的生物学差异。

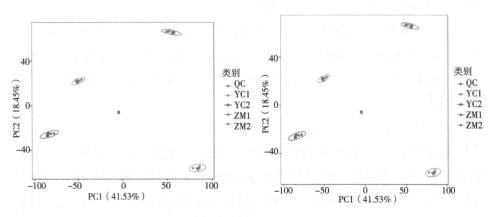

图 5-4　总体样品 PC 图

# 第三节　典型草原不同收获期天然牧草代谢组研究

## 一、不同收获期针茅样本代谢组分析

### 1. 代谢组主成分分析

不同收获期针茅样本主成分得分如图 5-5 所示。

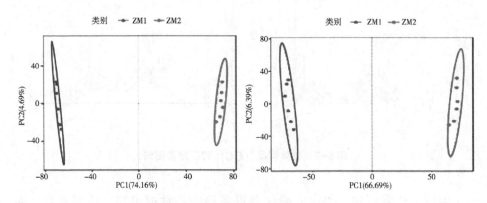

图 5-5　不同收获期针茅样本主成分得分

由表 5-1 可见，两组样本之间存在明显分离趋势。

由表 5-1 可知，正离子和负离子模型的解释系数分别为 $R^2X=0.7416$、$R^2X=0.6669$，说明在此数据下获得的 PCA 模型能够解释不同收获期针茅样品的代谢差异。

表 5-1　不同收获期针茅样品 PCA 模型评价参数

| 组别 | 正离子模式 | | | 负离子模式 | | |
|---|---|---|---|---|---|---|
| | $R^2X$ | $R^2Y$ | $Q^2$ | $R^2X$ | $R^2Y$ | $Q^2$ |
| 不同收获期<br>针茅样品 | 0.7416 | 0.0469 | 0.6182 | 0.6669 | 0.0639 | 0.6584 |

注：$R^2X$ 和 $R^2Y$ 表示不同水平方向模型解释率；$Q^2$ 代表模型预测力；$R^2X$ 值和 $Q^2$ 值均接近 1 时，表明模型稳定、可靠，下同。

**2. 不同收获期针茅样本的正交偏最小二乘判别分析**

不同收获期针茅样品 OPLS-DA 得分图和评价参数见图 5-6 和表 5-2。

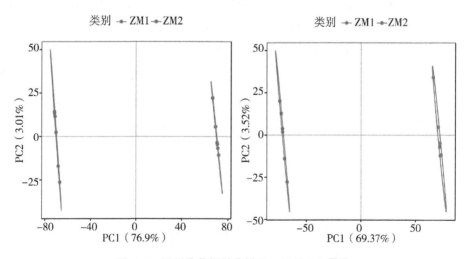

图 5-6　不同收获期针茅样品 OPLS-DA 得分

表 5-2　不同收获期针茅样品 OPLS-DA 模型评价参数

| 组别 | 正离子模式 | | | 负离子模式 | | |
|------|--------|--------|--------|--------|--------|--------|
| | $R^2X$ | $R^2Y$ | $Q^2$ | $R^2X$ | $R^2Y$ | $Q^2$ |
| 不同收获期针茅样品 | 0.7697 | 0.0301 | 0.911 | 0.6937 | 0.0352 | 0.906 |

注：$R^2X$ 和 $R^2Y$ 表示不同水平方向模型解释率；$Q^2$ 代表模型预测力；$R^2X$ 值和 $Q^2$ 值均接近 1 时，表明模型稳定、可靠，下同。

正交偏最小二乘判别分析（OPLS-DA）作为一门具有监督力的数据统计分析方法。运用本数据分析方法可以有效地将代谢物表达量与样品类别之间建立相关模型，以此来预测样品类别，可以凸显模型内部和预测主成分相关的异质性。通过 SIMCA-P 软件可以建立不同收获期针茅的 OPLS-DA 模型，如图 5-6 所示。由图 5-6 可知，正离子和负离子数据模型图的 ZM1 和 ZM2 针茅两组样本相距较远，呈明显的分离趋势，说明不同收获期针茅样本间之间存在显著差异代谢，且说明 OPLS-DA 模型能有效地将两组针茅样本区分。

通过观察 PCA 图和 OPLS-DA 图后可知，不同收获期针茅样本之间存在明显的分离趋势，说明正、负离子模型都是好的，这表明随着针茅生育期的延长，导致在小分子代谢物水平上发生了变化。

3. 不同收获期针茅样本的火山图分析

火山图是通过综合分析变异倍数分析和 $t$ 检验后可以获得的一种单因子变量分析方法，火山图可以显著地看到两样本间代谢物变化的差异性，有利于我们筛选重点代谢物，对不同收获期针茅样本正离子和负离子模式数据进行火山图分析（图 5-7）。

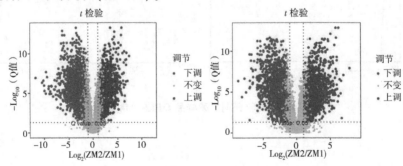

图 5-7　不同收获期针茅火山图分析

4. 不同收获期针茅显著差异代谢物的分离和鉴定

通过 OPLS-DA 模型可以得到变量权重值（VIP），以此来考量不同代谢物表达模式的差异性，也以此来衡量不同代谢物的表达模式对样本分类判别的影响，从而有利于我们对牧草的差异代谢物进行挖掘和分析。以 VIP>1 作为本实验的筛选基准，首先筛选出不同样本间的差异代谢物，接下来进行单变量的统计分析，以此来验证不同针茅样本的代谢物是否具有显著的差异性。同时将 VIP>1 和单变量统计分析 $P<0.05$ 的代谢物挑选出来，将它们视为具有显著差异的代谢物，共筛选鉴定出显著差异代谢物 179 个，见附表 1，其中 93 个代谢物表达量显著上调，而 86 个表达量显著下调。这些代谢物主要包括氨基酸（88 个，49%），糖类（61 个，34%），嘌呤（12 个，10%），嘧啶（18 个，7%）。我们进一步分析发现苯丙氨酸，苯乙酰胺，赖氨酸，丙氨酸、天冬氨酸和谷氨酸，嘌呤和嘧啶等余蛋白质合成有关的代谢物表达水显著下降，而异谷氨酰胺、苯丙氨酸和糖类等物质的表达水平显著上调。

5. 差异代谢物层次聚类

为了全面地评价不同差异代谢物，且更合理、直观地显示不同样本之间的关系及代谢物在各样本中表达模式的差异性，可以通过层次聚类来展示显著差异代谢物的表达量。一般来说，当同组样本聚在同一簇时，说明筛选的差异代谢物合理、准确，同一簇中的代谢物具有相似的表达模式。由图 5-8 可知，左侧的树状结构表示差异代谢物之间的相似度聚类关系。从图 5-8 中我们可以明显看到，正离子和负离子模式下所有的代谢物分为两类，一类代谢物表达量上调，而另一类代谢物的表达量下调。

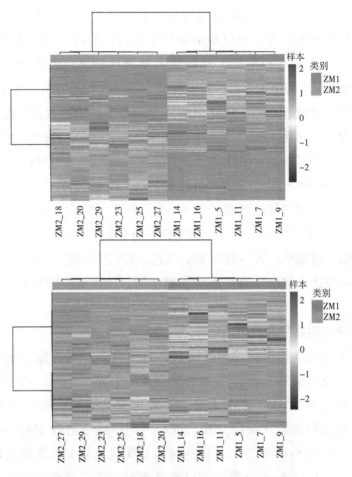

图 5-8　不同收获期针茅差异代谢物层次聚类

# 第四节　不同收获期羊草样本代谢组分析

## 一、代谢组主成分分析

不同收获期羊草代谢组主成分分析见图 5-9。

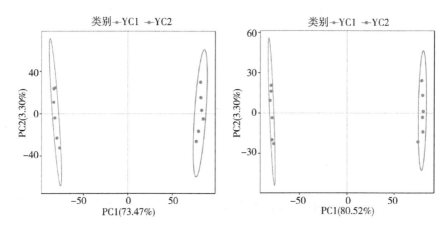

**图 5-9　不同收获期羊草样品 PCA 得分**

利用 XCMS 软件对羊草代谢物离子峰进行提取，共提取了 18939 个离子峰。建立 PCA 模型如图 5-9 所示，正离子和负离子数据模型解释率分别为 $R^2X = 0.7347$、$R^2X = 0.8052$，说明 PCA 模型能够解释不同收获期羊草样品的代谢差异。

**表 5-3　不同收获期羊草样品 PCA 模型评价参数**

| 组别 | 正离子模式 | | | 负离子模式 | | |
|---|---|---|---|---|---|---|
| | $R^2X$ | $R^2Y$ | $Q^2$ | $R^2X$ | $R^2Y$ | $Q^2$ |
| 不同收获期羊草样品 | 0.7347 | 0.0458 | 0.718 | 0.8052 | 0.0330 | 0.658 |

（1）不同收获期羊草样本的正交偏最小二乘判别分析。通过 SIMCA-P 软件可以建立不同收获期针茅的 OPLS-DA 模型，如图 5-10 和表 5-4 所示。

由图 5-10 可知，正离子和负离子数据模型图的 YC1 和 YC2 针茅两组样本相距较远，呈明显的分离趋势，说明不同收获期羊草样本之间存在显著差异代谢，且说明 OPLS-DA 模型能有效地将两组羊草样本区分。

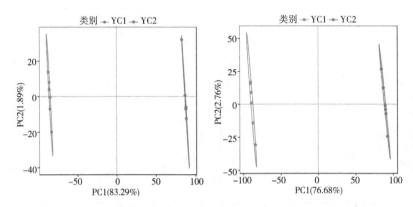

图 5-10 不同收获期羊草样品 OPLS-DA 得分

表 5-4 不同收获期羊草样品 OPLS-DA 模型评价参数

| 组别 | 正离子模式 | | | 负离子模式 | | |
|---|---|---|---|---|---|---|
| | $R^2X$ | $R^2Y$ | $Q^2$ | $R^2X$ | $R^2Y$ | $Q^2$ |
| 不同收获期羊草样品 | 0.8329 | 0.0189 | 0.997 | 0.7668 | 0.0276 | 0.999 |

通过观察 PCA 图和 OPLS-DA 图后可知，不同收获期羊草样本之间存在明显的分离趋势，说明正、负离子模型都是好的，这表明随着羊草生育期的延长，导致在小分子代谢物水平上发生了变化。

（2）不同收获期羊草样本的火山图分析。火山图是通过综合分析变异倍数分析和 $t$ 检验后可以获得的一种单因子变量分析方法，火山图可以显著地看到两样本间代谢物变化的差异性，有利于我们筛选重点代谢物，对不同收获期羊草样本正离子和负离子模式数据进行火山图分析，如图 5-11 所示。

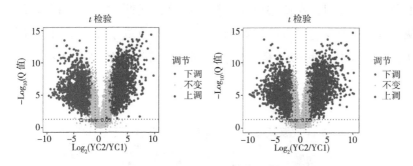

**图 5-11　不同收获期羊草数据的火山图**

## 二、羊草显著差异代谢物的分离和鉴定

通过 OPLS-DA 模型可以得到变量权重值（VIP），以此来考量不同代谢物表达模式的差异性，也以此来衡量不同代谢物的表达模式对样本分类判别的影响，从而有利于我们对牧草的差异代谢物进行挖掘和分析。以 VIP>1 作为本实验的筛选基准，首先筛选出不同样本间的差异代谢物，接下来进行单变量的统计分析，以此来验证不同羊草样本的代谢物是否具有显著的差异性。同时将 VIP>1 和单变量统计分析 $P<0.05$ 的代谢物挑选出来，将他们视为具有显著差异的代谢物，共筛选鉴定出显著差异代谢物 119 个，见附表 2，其中 64 个代谢物表达量显著上调，而 55 个表达量显著下调。如图 5-11 所示，这些代谢物主要包括氨基酸（67 个，59.8%）、糖类（26 个，23.2%）、嘌呤（14 个，12.5%）、嘧啶（5 个，4.4%）。我们进一步分析发现苯乙酰谷氨酰胺、嘌呤、嘧啶等蛋白质合成相关代谢物的表达水平均显著下降，而 L-谷氨酸和糖的表达水平显著上升。

## 三、差异代谢物层次聚类

为了全面地评价不同差异代谢物，且更合理、直观地显示不同样本之间的关系及代谢物在各样本中表达模式的差异差异性，可以通过层次聚类来展示显著差异代谢物的表达量。一般来说，当同组样本聚在同一簇时，说明筛选的差异代谢物合理、准确，同一簇中的代谢物具有相似的表达模式。由图 5-12 可知，左侧的树状结构表示差异代谢物之间的相似度聚类关系。从图 5-12 中我们可以明显看到，正离子和负离子模式下所有的代谢物分为两类，一类代谢物表达量上调，而另一类代谢物的表达量下调。

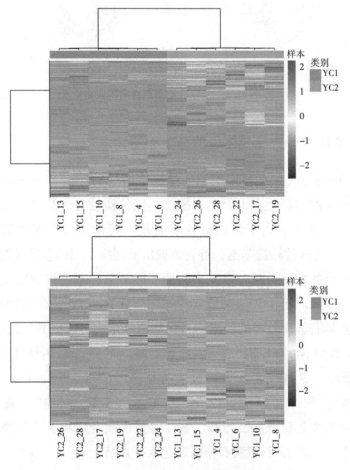

图 5-12　不同收获期羊草正离子和负离子
差异代谢物层次聚类

# 第六章　典型草原刈割频度研究

## 第一节　典型草原天然牧草刈割频度研究

本书以典型草原牧草为材料，在 2017 年 8 月 20 日人工刈割，牧草由于自身的补偿能力，在 8 月 20 日至 9 月 20 日期间，仍可生长到一定高度。本试验旨在通过研究不同刈割频度对典型天然牧草产量、补偿性生长和返青率等指标的影响，为收获质量兼优的天然牧草、合理利用草地资源和为广大牧民提供科学的依据。本试验设定的处理分别为 2 年刈割 1 次（刈割时间为 2017 年 8 月 20 日），记为 Y21；1 年刈割 1 次，记为 Y22（刈割时间分别为 2017 年 8 月 20 日和 2018 年 8 月 20 日，获得的各项指标取两年的平均值）；2 年刈割 3 次（刈割时间为 2017 年 8 月 20 日、9 月 20 日和 2018 年 8 月 20 日），记为 Y23；1 年刈割 2 次，记为 Y24（刈割时间分别为为 2017 年 8 月 20 日、9 月 20 日和 2018 年 8 月 20 日、9 月 20 日，获得的各项指标取两年的平均值），每个处理 3 次重复。分别测定不同刈割处理后牧草当年和翌年相对生长高度、密度、盖度、生物量和返青率。试验地天然牧草利用人工刈割，留茬高度为 5cm，试验地面积为 16m$^2$（4m×4m），3 次重复。利用精确度为 0.1cm 的直尺测定牧草相对生长高度，根据当时试验地内牧草的实际情况测定密度、盖度，利用精确度为 0.01g 的手持电子天平测定生物量。

## 第二节　刈割频度对典型草原牧草
## 补偿性生长影响研究

不同刈割频度对天然牧草的鲜草产量、干草产量及含水率影响结果见表6-1。

表6-1　不同刈割频度对天然牧草草产量及鲜干比的影响

| 试验处理 | 鲜草产量（kg/hm²） | 干草产量（kg/hm²） | 鲜干比 |
|---|---|---|---|
| Y21 | 1847.50±15.83d | 353.25±25.63d | 5.23±0.14a |
| Y22 | 3671.33±7.39c | 801.60±20.05c | 4.58±0.18b |
| Y23 | 3917.78±20.13b | 1145.55±34.55b | 3.42±0.17c |
| Y24 | 4390.16±16.02a | 1458.53±41.98a | 3.01±0.22d |

由表6-1可知，随着刈割频度的增加，天然牧草鲜草产量逐渐增加，2年刈割1次处理的鲜草产量最低，鲜草产量为1847.50kg/hm²，1年刈割2次处理的鲜草产量最高，鲜草产量为4390.16kg/hm²，且各处理鲜草产量之间差异显著（$P<0.05$）。干草产量随着刈割频度的增加逐渐增加，干草产量最低值出现在2年刈割1次时，干草产量为353.25kg/hm²，最高值出现在1年刈割2次时，干草产量为1458.53kg/hm²，且各处理干草产量之间差异显著（$P<0.05$）。鲜干比随着刈割频度的增加呈逐渐降低的趋势，2年刈割1次的鲜干比值最大，为5.23，1年刈割2次的鲜干比值最小，为3.01，且各处理鲜干比之间差异显著（$P<0.05$）。

## 第三节　不同刈割频度对当年天然牧草
## 群落特征的影响研究

### 一、不同刈割频度处理对草地群落相对生长高度变化的影响

不同刈割频度处理对草地群落相对生长高度变化的影响动态如图6-1所示。

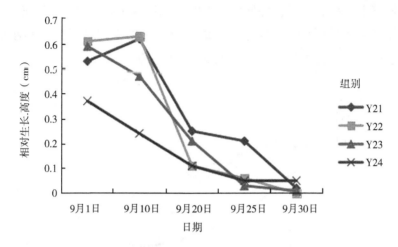

**图 6-1　不同刈割频度处理对天然牧草相对生长高度的影响**

由图 6-1 可知，典型草原天然草地在不同刈割频度下，天然牧草的相对生长高度呈不同的变化总体趋势。9 月 1 日，Y21 和 Y22 处理的相对生长高度呈先升高后降低的变化趋势，Y21 和 Y22 处理在 9 月 10 日的相对生长高度达到最大值，随后降低，在 9 月 30 日达到最低值。9 月 25—30 日，Y21 和 Y22 处理的相对生长高度降低趋势较快，但 Y21 处理的相对生长高度下降趋势要大于 Y22 处理。Y23 和 Y24 处理的相对生长高度呈逐渐降低的变化趋势，9 月 10—20 日，Y23 处理的相对生长高度下降趋势较大，9 月 25—30 日 Y23 处理变化趋势较小；9 月 10—20 日，Y24 处理的相对生长高度下降趋势要大于 Y23 处理。9 月 30 日，Y21、Y22、Y23 和 Y24 处理的相对生长高度为最低值，其中 Y22 处理的相对生长高度为 0cm。

## 二、不同刈割频度处理对天然牧草盖度变化的影响

由图 6-2 可知，不同刈割频度处理下的典型草原牧草盖度整体上呈降低的趋势。9 月 5 日不同刈割频度处理下草地植物群落盖度范围在 31.44% ~ 38.16%。随着生育期的延长，各处理草地群落盖度随之降低。9 月 10 日，Y21、Y22 和 Y23 处理的盖度降低趋势较小，Y24 处理的盖度降低趋势较大。9 月 20 日，Y23 和 Y24 处理的盖度降低趋势较大，Y21 和 Y22 处理的盖度降

低趋势较小。9 月 25 日，各处理的盖度变化进入平缓阶段。9 月 30 日，各处理的盖度降低至整个生长期的最小值，Y21、Y22 和 Y23 处理的最小值相近，Y24 处理的最低值要低于 Y21、Y22 和 Y23 处理。

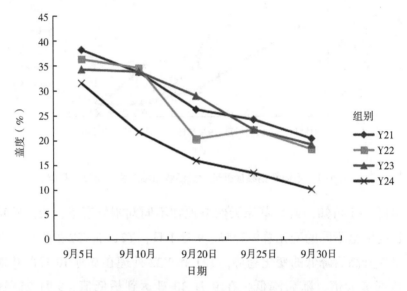

图 6-2　不同刈割频度处理对天然牧草盖度的影响

## 三、不同刈割频度处理对天然牧草密度变化的影响

由图 6-3 可知，不同刈割频度处理下的典型草原牧草密度整体上呈降低的趋势。9 月 5 日，典型草原牧草密度范围在 231~244 枝，随着生育期的延长，各处理草地群落密度随之降低。9 月 10 日，Y21、Y22 和 Y23 处理的密度降低趋势较大，Y24 处理的密度降低趋势较小。9 月 20 日，Y21、Y22 和 Y23 处理的密度降低趋势较大，Y24 处理的盖度降低趋势较小。9 月 25 日，各处理的密度变化继续降低。9 月 30 日，各处理的密度降低至整个生长期的最小值，Y22 和 Y23 处理的最小值相近，Y24 处理的最低值要高于 Y21、Y22 和 Y23 处理，Y21 处理的密度值为四个处理中的最小值。

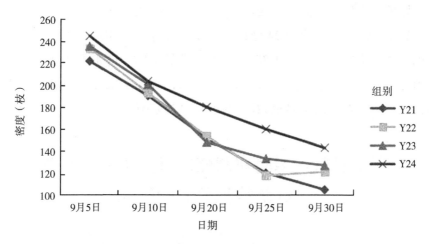

图6-3　不同刈割频度对天然牧草密度的影响

## 四、不同刈割频度处理对草地群落生物量变化的影响

由图6-4可知，不同刈割频度处理下的典型草原牧草生物量整体上呈降低的趋势。9月5日，典型草原牧草生物量范围在377~581g/m²，随着生

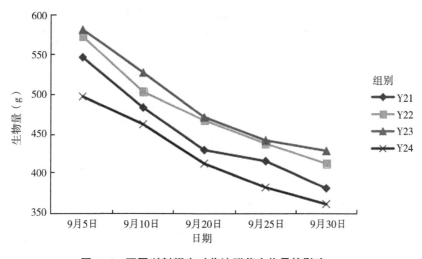

图6-4　不同刈割频度对草地群落生物量的影响

育期的延长，各处理草地群落生物量随之降低。9月10日，Y21、Y22和

Y23 处理的生物量降低趋势较大，Y24 处理的生物量降低趋势较小。9 月 20 日，Y21、Y22、Y23 和 Y24 处理的生物量降低趋势相近。9 月 25 日，各处理的生物量继续降低。9 月 30 日，各处理的生物量降低至整个生长期的最小值，Y23 处理的生物量最大，Y22 处理的生物量次之，Y23 处理的生物量再次之，Y24 处理的生物量为四个处理中的最小值。

# 第四节　不同刈割频度对翌年天然牧草群落特征的影响研究

## 一、不同刈割频度对翌年天然牧草返青率变化的影响

不同刈割频度处理对翌年天然牧草返青率变化的影响如图 6-5 所示。

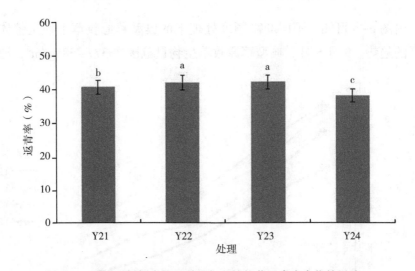

**图 6-5　不同刈割频度处理对翌年天然牧草返青率变化的影响**

由图 6-5 可知，不同刈割频度处理对典型草原翌年天然牧草的返青率呈不同的影响。Y23 处理的返青率为最高，要高于 Y22 处理，但两个处理之间差异不显著（$P > 0.05$）。Y21 处理的返青率要低于 Y22 和 Y23 处理，

且差异显著（$P<0.05$），Y24 处理的返青率最低，且与 Y21、Y22 和 Y23 处理之间存在显著性差异（$P<0.05$）。

## 二、不同刈割频度处理对翌年天然牧草高度变化的影响

由图 6-6 可知，典型草原天然草地不同刈割频度对翌年天然牧草的相对生长高度呈不同的变化总体趋势，Y22、Y23 和 Y24 处理翌年天然牧草的相对生长高度随着生长期的延长逐渐增加，Y21 处理的相对生长高度则呈现先升高后降低的变化趋势。5 月 10 日，Y21、Y22、Y23 和 Y24 处理的相对生长高度相近，相对高度值在 5.2~5.8cm。随着生长期的延长，各处理草地相对生长高度随之增加。5 月 20 日，Y22 和 Y23 处理的相对生长高度增加趋势较大，Y21 处理次之，Y24 处理最小。5 月 30 日，Y21 处理的相对生长高度变化趋势最大，Y22、Y23 和 Y24 处理的相对生长高度继续升高。6 月 10 日，Y21 处理的相对生长高度降低，其他处理继续升高。6 月 30 日，各处理的相对生长高度增加至整个生长期的最大值，Y22 和 Y23 处理的相对生长高度最大，Y21 处理的生物量次之，Y24 处理的生物量为四个处理中的最小值。

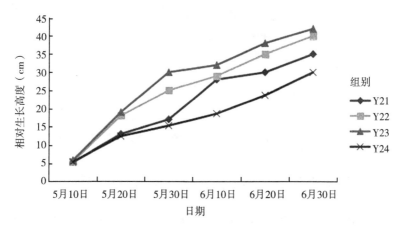

**图 6-6　不同刈割频度处理对翌年天然牧草相对生长高度的影响**

### 三、不同刈割频度对翌年天然牧草盖度变化的影响

由图6-7可知，不同刈割频度处理下的典型草原翌年天然牧草盖度整体上呈上升的趋势。5月10日不同刈割频度处理下草地植物群落盖度范围在39.24%~40.63%。随着生长期的延长，各处理草地群落盖度随之增加。5月20日，Y22和Y23处理的盖度升高趋势较大，Y21和Y24处理的盖度升高趋势较小。5月30日，各处理草地群落盖度继续增加，其中Y23处理的盖度增加趋势较大，Y21、Y22和Y24处理的盖度增加趋势较小。6月10日，Y23处理的盖度增加趋势最大，Y22处理次之，Y24再次之，Y21最小。6月20日，Y23处理的盖度增加趋势认为最大，其他处理进入平缓增加阶段。6月30日，各处理的盖度增加至整个生长期的最大值，Y23处理的盖度最大，Y22处理次之，Y21再次之，Y24处理最小。

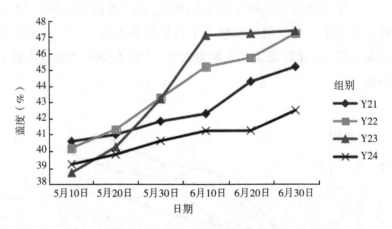

**图6-7 不同刈割频度处理对翌年天然牧草盖度的影响**

### 四、不同刈割频度对翌年天然牧草密度变化的影响

由图6-8可知，不同刈割频度处理下的典型草原牧草密度整体上呈增加的趋势。5月10日，Y22和Y23处理的密度较大，Y21处理的密度次之，Y24处理的密度最小。5月20日，Y21和Y23处理的密度增加趋势较大，Y22和Y24处理的密度增加趋势较平缓。5月30日，各处理的密度变化继

续增加，其中，Y23 处理的密度增加趋势最大。6 月 10 日，各处理的密度继续增加。6 月 30 日，各处理的密度增加至最大值，Y21、Y22 和 Y23 处理密度相近，Y24 处理密度为最小值。

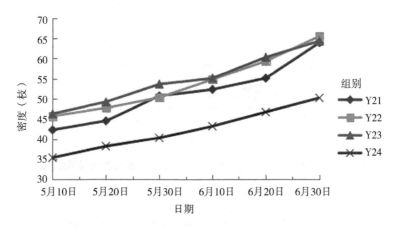

图 6-8　不同刈割频度处理对翌年天然牧草密度的影响

## 五、不同刈割频度对翌年天然牧草生物量变化的影响

由图 6-9 可知，不同刈割频度处理下的典型草原牧草翌年生物量整体上呈增加的趋势。5 月 10 日，典型草原牧草翌年生物量范围在 531～612 g/m²，随着生长期的延长，各处理草地群落生物量随之增加。5 月 20 日至 6 月 20 日，各处理生物量持续增加，但增加趋势不同，Y21 处理的增加趋势最大，其他处理增加趋势相近。6 月 20—30 日，各处理生物量继续增加，Y21 和 Y23 处理增加趋势最大，Y22 和 Y24 处理生物量增加趋势低于 Y21 和 Y23 处理。6 月 30 日，各处理的生物量增加至整个生长期的最大值，Y21 处理的生物量最大，Y22 处理和 Y23 处理的生物量次之，Y24 处理的生物量为四个处理中的最小值。

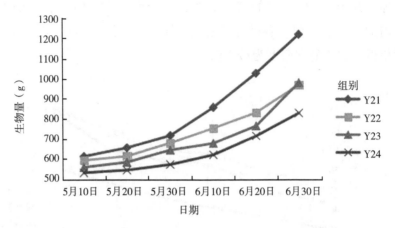

图 6-9　不同刈割频度处理对翌年天然牧草生物量的影响

## 第五节　刈割频度对典型草原牧草
## 补偿性生长影响机制

刈割频度对典型草原牧草具有直接的影响作用，适宜的刈割频度会对牧草生长起到促进作用，而不适宜的刈割频度会对牧草生长起到抑制作用（孟凯，2018）。不同的刈割频度对天然牧草同一生理指标的影响不同，刈割后，有些牧草可以通过自身的超补偿性生长起到促进生长的作用，而有些牧草由于自身特性起到了抑制作用（郭安琪，2018）。张鲜花（2014）研究表明，对红三叶（*Trifolium pratens* L.）等 5 种牧草进行不同刈割频度处理后，随着刈割频度的增加，对 5 种牧草产量造成了不同的影响。本研究中随着刈割频度的增加，牧草相对生长高度逐渐降低，而翌年相对生长高度则呈逐渐增加的变化趋势，证明刈割频度会对牧草的生长产生影响。

生长速率是反应草地牧草干物质积累的重要评价指标，生长速率快慢往往会受到降雨和积温等外在气候因子的影响（牛豪阁，2018）。刈割频度会影响牧草生长速率、生长高度、密度和生物量等指标。一方面，由于外界刈割干扰的增加，地上生物量被不断取走，而回归土壤的枯落物数量较少，致使土壤中营养含量降低，根系从土壤中吸收的营养降低，地上植株由于缺乏足够的营养，造成牧草植株矮小化，株高降低（郭明英，2018）。另一方面，不同的刈割频度对天然牧草的影响不同，刈割往往与群落中优势种的密度存在负相关作用，而与优势种产生正相关作用（郭宇，2017）。鲍雅静等（2005）研究发现，刈割对典型草原羊草和苔草造成了显著的影响（$P<0.05$），随着刈割频度的增加，羊草的重要值逐渐降低，而苔草的重要值却逐渐增加，说明不同种类的牧草对于刈割的响应不同，可能是由于羊草生长高度较高，苔草生长高度较低，为矮小丛生禾草，羊草相对于苔草具有较高的生长高度，刈割高度往往集中在植株生长高度为 6cm 处，当刈割较为频繁时，对羊草的破坏性较大，抑制了羊草的生长；刈割对苔草的破坏性较小，适当地保护了苔草的生长。刈割对于植株高度较高的牧草影响较大，并对牧草生长起到一定的限制作用，增加植物群落可利用资源和空间的同时，促进了受破坏小的牧草生长（张靖乾，2008）。本试验中，试验地是以羊草为优势种的典型草原，羊草高度和生物量优于其他牧草，因经常刈割羊草，新生植物减少而老化植株增加。相同的生长期内，随着刈割频度的增加，植株当年相对生长高度逐渐降低。韩龙等（2010）对羊草草甸草原的研究表明，频繁刈割会造成羊草的相对密度减小，而糙隐子草［*Cleistogenes squarrosa*（Trin.）Keng.］和委陵菜属（*Potentilla sp.* Linn.）等低矮植物的相对密度逐渐增大。

刈割频度往往会对牧草产量、品质产生影响，为了单纯地追求牧草产量，获得较高的经济效益，部分地区对天然草地进行多次刈割，多次刈割虽然可以获得较高的牧草产量，但对翌年牧草产量、生长和返青率产生较大的影响，若对牧草进行多次刈割时，将会影响牧草根内抗寒性物质储存，影响牧草返青率。本试验中，Y24 处理的返青率要明显低于 Y21、Y22 和 Y23 处理，说明高频度的刈割降低了牧草翌年返青率，并影响翌年牧草产量和品质，此外，高频度的刈割将会严重影响天然草地的生态效益，鲍雅静（2009）研究表明，对牧草进行高强度刈割时，会造成营养物质较高的牧草自身生长得不到及时恢复，密度逐渐减小，被一些低矮的杂草和有毒、有害类植物取代，严重影响了天然草地的可持续发展。本试验中 Y23 处理的返青率高于 Y22 处理，但两者之间差异不显著（$P>0.05$），主要由于试验地第一年刈割前期有多次降雨，加之试验地较为适宜的温度条件，充足的降水量和适宜的温度条件保证了牧草生长，对后期牧草返青起到了促进作用，本试验对牧草进行 2 年刈割 3 次后，牧草相对生长高度、密度、返青率等指标未发生明显降低现象，说明 2 年 3 次刈割也是可行的，将在未来进一步开展 2 年 3 次刈割是否会对未来几年牧草的生长产生影响的研究。

# 第七章　典型草原主要牧草挥发性物质研究

## 第一节　天然牧草挥发性物质研究

本试验以典型草原5种主要牧草为材料，利用总峰面积分析天然牧草中所含挥发性物质含量，选取牧草中含量较高的10种挥发性物质进行分析，旨在对天然牧草挥发性物质进行系统性分析，厘清挥发性物质种类。

以8月1日、8月10日、8月20日、8月30日和9月10日作为收获时间，利用人工刈割羊草、针茅、达乌里胡枝子、中华隐子草和冰草5种主要牧草各500g，每种牧草6次重复，取样后立即放入烘箱105℃烘干30min，然后将烘箱调制65℃烘干48h至恒重。利用粉碎机粉碎，过100目筛子后，利用四分法均匀地将样品分开后装入密封袋中，待测。

## 第二节　牧草挥发性物质成分分析研究

### 一、牧草挥发性物质成分测定

1. 试验材料采集及处理

试验材料为典型草原上不同收获期的5种主要牧草。将取回的5种主要牧草利用烘箱105℃烘干30min后，65℃烘干48h至恒重，利用粉碎机粉碎，过100目筛子，利用四分法选取样品。置于贴好标签的离心管内混合均匀，在阴凉干燥条件下保存备用。

2. 实验仪器

顶空固相微萃取装置与萃取头，SPME 专用操作平台，SPME 手动进样手柄，Corning 磁力加热搅拌器，85μm 聚丙烯酸酯（PA），100μm 聚二甲基硅氧烷（PDMS），65μm 聚二甲基硅氧烷/聚二乙烯基苯（PDMS/DVB），50/30μm 聚二乙烯基苯/碳分子筛/聚二甲基硅氧烷（DVB/CAR/PDMS）。

300-MS 气-质联用分析仪（美国 VARIAN 公司）；电子分析天平（北京赛多利斯仪器公司）；20mL 带塞顶空瓶：配有密封性较好的橡胶密封垫，瓶口和边缘无划痕，保证足够的密封性（定制）。

3. 测定方法

（1）挥发性成分萃取方法。准确称取天然牧草样品 2.00g，迅速放到 20mL 顶空瓶内，然后加入磁力搅拌子并用隔垫式密封盖进行密封；利用手动进样器将萃取头注入到顶空瓶内，压下活塞，使具有吸附涂层的萃取纤维头至于顶空瓶内部的中心位置，将顶空瓶与手动进样器固定于 SPME 专用加热磁力搅拌装置，萃取一段时间后，拉起活塞，使萃取纤维头进入到不锈钢针头中，直接插入到气相质谱的进样口中，压下活塞，使纤维头暴露在高温载气环境中，使萃取的物质不断被解析下来，进入后续的气相质谱分析。

（2）气相色谱-质谱分析测定条件。色谱条件：采用 DB5-MS 石英毛细管柱（30mm×0.25mm×0.25μm），柱初温为 50℃，保持 4min 以 5℃/min 程序升温至 200℃，保持 5min 再以 15℃/min，程序升温至 250℃，保持 4min；进样口温度 250℃，载气为高纯氦气，纯度 ≥99.99%；氦气流速为 1mL/min，柱前压 87.57kPa，进样方式为手动进样；进样模式为不分流。

质谱条件：离子原温度 230℃，传输线温度 280℃；电离方式 EI 离子源，电子能量 70Ev；质量扫描范围 40～550m/z；采集方式为全扫描方式；离子源真空度为 $7.4×10^{-7}$mTorr。

## 第三节 不同收获期羊草挥发性物质分析

### 一、8月1日羊草挥发性物质分析

8月1日羊草挥发性物质的总离子图如图7-1所示。8月1日羊草挥发性物质共检测出182种。

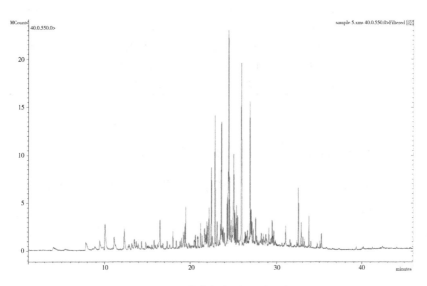

**图7-1 8月1日羊草挥发性物质总离子流图**

（注：图中右上角斜连续样品编号为采样编号，全书同）

由表7-1可知，8月1日羊草挥发性物质含量置于4.059%~18.254%，挥发性物质最高的为2-十二醇，百分比含量为18.254%，含量最低的为2-三癸醇，百分比含量为4.059%。烯烃类物质共有3种，分别为1-石竹烯、α-姜黄烯和金合欢烯，百分比含量共占44.207%；醇类物质共有3种，百分比含量共占16.532%，脂类物质共有1种，百分比含量占9.215%；酸类物质有2种，分别为十八碳三烯酸和3-（1-萘基）丙烯酸，百分比含量为9.821%。萘类物质有1种，为2-乙烯基萘。

表 7-1　8 月 1 日羊草挥发性物质变化表

| 序号 | 占比（%） | CAS 号 | 挥发性物质 | 所属类别 |
|---|---|---|---|---|
| 1 | 18.254 | 10203-28-8 | 2-十二醇 | 醇 |
| 2 | 15.148 | 87-44-5 | 1-石竹烯 | 烯烃 |
| 3 | 11.595 | 644-30-4 | α-姜黄烯 | 烯烃 |
| 4 | 10.830 | 827-54-3 | 2-乙烯基萘 | 萘 |
| 5 | 9.215 | 17092-92-1 | 二氢猕猴桃内酯 | 酯类 |
| 6 | 5.634 | 18794-84-8 | （E）-β-金合欢烯 | 烯烃 |
| 7 | 5.456 | 55320-02-0 | 十八碳三烯酸 | 酸 |
| 8 | 4.365 | 13026-12-5 | 3-（1-萘基）丙烯酸 | 酸 |
| 9 | 4.219 | 14852-31-4 | 2-十六烷醇 | 醇 |
| 10 | 4.059 | 1653-31-2 | 2-三癸醇 | 醇 |

## 二、8 月 10 日羊草挥发性物质分析

8 月 10 日羊草挥发性物质的总离子图如图 7-2 所示。8 月 10 日羊草挥发性物质共检测出 95 种。

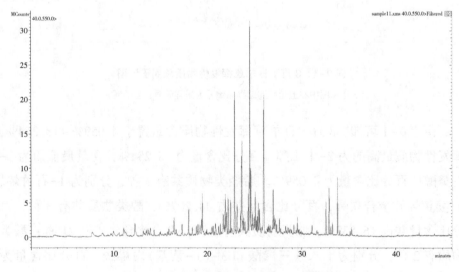

图 7-2　8 月 10 日羊草挥发性物质总离子流图

由表7-2可知，8月10日羊草挥发性物质含量置于2.382%~16.230%，挥发性物质最高的为雪松烯，百分比含量为16.230%，含量最低的为叶绿醇，百分比含量为2.382%。烯烃类物质共有3种，分别为雪松烯、1-石竹烯和(E)-β-金合欢烯，百分比含量共占40.015%；醇类物质共有3种，分别为3，7，11，15-四甲基乙烯-1-醇、桉油烯醇和叶绿醇，百分比含量共占8.649%；酯类物质共有1种，为二氢猕猴桃内酯，百分比含量占14.778%；酮类物质共有3种，分别为4-[2，2，6-三甲基-7-氧杂二环［4.1.0］庚-1-基]-3-丁烯-2-酮、十七烷酮和六氢假紫罗酮，百分比含量共占8.649%。

表7-2　8月10日羊草挥发性物质变化表

| 序号 | 占比（%） | CAS号 | 挥发性物质 | 所属类别 |
|---|---|---|---|---|
| 1 | 16.230 | 13744-15-5 | 雪松烯 | 烯烃 |
| 2 | 14.778 | 17092-92-1 | 二氢猕猴桃内酯 | 酯 |
| 3 | 14.008 | 87-44-5 | 1-石竹烯 | 烯烃 |
| 4 | 9.777 | 18794-84-8 | (E)-β-金合欢烯 | 烯烃 |
| 5 | 5.015 | 23267-57-4 | 4-[2，2，6-三甲基-7-氧杂二环［4.1.0］庚-1-基]-3-丁烯-2-酮 | 酮 |
| 6 | 4.481 | 2922-51-2 | 十七烷酮 | 酮 |
| 7 | 3.600 | 102608-53-7 | 3，7，11，15-四甲基乙烯-1-醇 | 醇 |
| 8 | 3.285 | 1604-34-8 | 六氢假紫罗酮 | 酮 |
| 9 | 2.667 | 77171-55-2 | 桉油烯醇 | 醇 |
| 10 | 2.382 | 6750-60-3 | 叶绿醇 | 醇 |

### 三、8月20日羊草挥发性物质分析

8月20日羊草挥发性物质的总离子图如图7-3所示。8月20日羊草挥发性物质共检测出151种。

由表7-3可知，8月20日羊草挥发性物质含量置于2.746%~17.837%，挥发性物质最高的为β-紫罗兰酮，百分比含量为17.837%，含量最低的为十五烷，百分比含量为2.746%。烯烃类物质共有2种，分别为雪松烯和(E)-β-金合欢烯，百分比含量共占24.18%；醇类物质共有2种，分别为

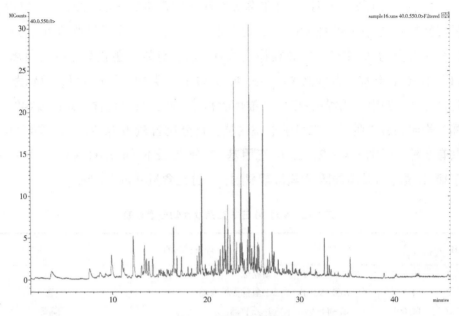

图 7-3　8 月 20 日羊草挥发性物质总离子流图

桉油烯醇和顺式-2-壬烯-3-醇，百分比含量共占 8.599%；酯类物质共有 1
种，为二氢猕猴桃内酯，百分比含量占 13.874%；酮类物质共有 2 种，分
别为 β-紫罗兰酮和十七烷酮，百分比含量共占 23.089%；烷烃类物质共有
3 种，分别为十四烷、十二烷和十五烷，百分比含量共为 13.293%。

表 7-3　8 月 20 日羊草挥发性物质分析表

| 序号 | 占比（%） | CAS 号 | 挥发性物质 | 所属类别 |
| --- | --- | --- | --- | --- |
| 1 | 17.837 | 14901-07-6 | β-紫罗兰酮 | 酮 |
| 2 | 15.115 | 13744-15-5 | 雪松烯 | 烯烃 |
| 3 | 13.874 | 17092-92-1 | 二氢猕猴桃内酯 | 酯 |
| 4 | 9.065 | 18794-84-8 | （E）-β-金合欢烯 | 烯烃 |
| 5 | 6.011 | 629-59-4 | 十四烷 | 烷烃 |
| 6 | 5.252 | 2922-51-2 | 十七烷酮 | 酮 |
| 7 | 4.666 | 77171-55-2 | 桉油烯醇 | 醇 |
| 8 | 4.536 | 112-40-3 | 十二烷 | 烷烃 |
| 9 | 3.933 | 41453-56-9 | 顺式-2-壬烯-3-醇 | 醇 |
| 10 | 2.746 | 629-62-9 | 十五烷 | 烷烃 |

## 四、8月30日羊草挥发性物质分析

8月30日羊草挥发性物质的总离子图如图7-4所示。8月30日羊草挥发性物质共检测出116种。

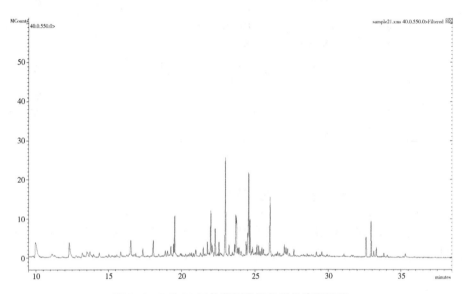

**图7-4 8月30日羊草挥发性物质总离子流图**

由表7-4可知，8月30日羊草挥发性物质含量置于3.860%~16.505%，挥发性物质最高的为1-石竹烯，百分比含量为16.505%，含量最低的为法尼基丙酮，百分比含量为3.860%。烯烃类物质共有2种，分别为1-石竹烯3，7，11-三甲基-1，3，6，10-十二碳-四烯，百分比含量共占23.735%；醇类物质共有1种，为叶绿醇，百分比含量共占5.226%；酯类物质共有1种，为二氢猕猴桃内酯，百分比含量占10.868%；酮类物质共有4种，分别为β-紫罗兰酮、4-[2，2，6-三甲基-7-氧杂二环 [4.1.0]庚-1-基]-3-丁烯-2-酮、香叶基丙酮和法尼基丙酮，百分比含量占23.089%；烷烃类物质共有1种，为十四烷，百分比含量为4.995%。

表 7-4　8 月 30 日羊草挥发性物质分析表

| 序号 | 占比（%） | CAS 号 | 挥发性物质 | 所属类别 |
|---|---|---|---|---|
| 1 | 16.505 | 87-44-5 | 1-石竹烯 | 烯烃 |
| 2 | 12.452 | 14901-07-6 | β-紫罗兰酮 | 酮 |
| 3 | 10.868 | 17092-92-1 | 二氢猕猴桃内酯 | 酯 |
| 4 | 7.230 | 5208-59-3 | 3, 7, 11-三甲基-1, 3, 6, 10-十二碳-四烯 | 烯烃 |
| 5 | 6.347 | 4313-03-5 | (E, E)-2, 4-庚二烯醛 | 醛 |
| 6 | 5.226 | 102608-53-7 | 叶绿醇 | 醇 |
| 7 | 5.142 | 23267-57-4 | 4-[2, 2, 6-三甲基-7-氧杂二环［4.1.0］庚-1-基]-3-丁烯-2-酮 | 酮 |
| 8 | 4.995 | 629-59-4 | 十四烷 | 烷烃 |
| 9 | 4.980 | 3796-70-1 | 香叶基丙酮 | 酮 |
| 10 | 3.860 | 1117-52-8 | 法尼基丙酮 | 酮 |

## 五、9 月 10 日羊草挥发性物质分析

9 月 10 日羊草挥发性物质的总离子图如图 7-5 所示。9 月 10 日羊草挥发性物质共检测出 143 种。

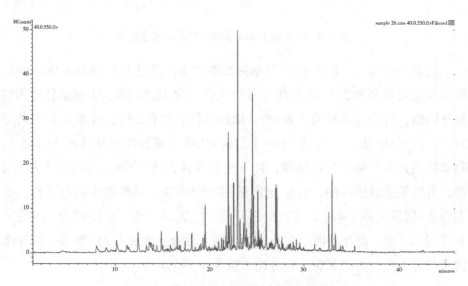

图 7-5　9 月 10 日羊草挥发性物质总离子流图

由表7-5可知，9月10日羊草挥发性物质含量置于3.385%~17.413%，挥发性物质最高的为1-石竹烯，百分比含量为17.413%，含量最低的为4-[2，2，6-三甲基-7-氧杂二环 [4.1.0] 庚-1-基]-3-丁烯-2-酮，百分比含量为3.385%。烯烃类物质共有5种，分别为1-石竹烯、β-波旁烯、α-姜黄烯、（E）-β-金合欢烯和氧化石竹烯，百分比含量共占39.091%；醇类物质共有1种，为桉油烯醇，百分比含量共占3.906%；酯类物质共有1种，为二氢猕猴桃内酯，百分比含量占4.076%；酮类物质共有3种，分别为β-紫罗兰酮、香叶基丙酮和4-[2，2，6-三甲基-7-氧杂二环 [4.1.0] 庚-1-基]-3-丁烯-2-酮，百分比含量占17.456%。

表7-5　9月10日羊草挥发性物质分析表

| 序号 | 百分比（%） | CAS号 | 挥发性物质 | 所属类别 |
|---|---|---|---|---|
| 1 | 17.413 | 87-44-5 | 1-石竹烯 | 烯烃 |
| 2 | 9.300 | 14901-07-6 | β-紫罗兰酮 | 酮 |
| 3 | 7.137 | 5208-59-3 | β-波旁烯 | 烯烃 |
| 4 | 5.907 | 644-30-4 | α-姜黄烯 | 烯烃 |
| 5 | 4.809 | 18794-84-8 | （E）-β-金合欢烯 | 烯烃 |
| 6 | 4.771 | 3796-70-1 | 香叶基丙酮 | 酮 |
| 7 | 4.076 | 17092-92-1 | 二氢猕猴桃内酯 | 酯 |
| 8 | 3.906 | 77171-55-2 | 桉油烯醇 | 醇 |
| 9 | 3.825 | 1139-30-6 | 氧化石竹烯 | 烯烃 |
| 10 | 3.385 | 23267-57-4 | 4-[2，2，6-三甲基-7-氧杂二环 [4.1.0] 庚-1-基]-3-丁烯-2-酮 | 酮 |

## 六、不同收获期羊草挥发性物质变化

不同收获期羊草挥发性物质变化如表7-6所示。

表7-6　不同收获期羊草挥发性物质变化表　　　　　（单位:%）

| 收获期 | 烯烃类 | 醇类 | 酯类 | 酮类 | 烷烃类 |
|---|---|---|---|---|---|
| 8月1日 | 53.028 | 26.532 | 9.2150 | — | — |
| 8月10日 | 40.015 | 8.649 | 14.778 | 12.781 | — |
| 8月20日 | 24.180 | 8.599 | 13.874 | 23.089 | 13.293 |

（续表）

| 收获期 | 烯烃类 | 醇类 | 酯类 | 酮类 | 烷烃类 |
|---|---|---|---|---|---|
| 8月30日 | 23.735 | 5.226 | 10.868 | 26.434 | 4.9950 |
| 9月10日 | 39.091 | 3.906 | 4.0760 | 17.456 | — |

由表7-6可知，随着收获期的延长，挥发性物质含量呈不同变化趋势。羊草体内挥发物质主要以烯烃类、酮类、酯类、醇类和烷烃为主，其中，烯烃类总含量最高，其次为酮类，再次为醇类和酯类，两者含量相差较小。

# 第四节  不同收获期针茅挥发性物质分析

## 一、8月1日针茅挥发性物质分析

8月1日针茅挥发性物质的总离子图如图7-6所示。8月1日针茅挥发性物质共检测出208种。

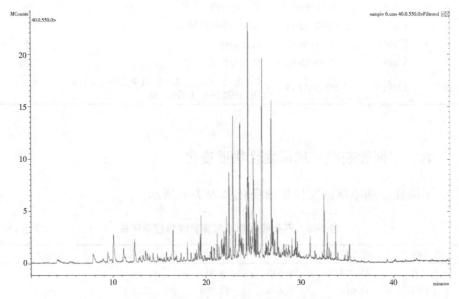

图7-6  8月1日针茅挥发性物质分布图

由表7-7可知，8月1日针茅挥发性物质含量置于4.267%~14.370%，挥发性物质最高的为1-石竹烯，百分比含量为14.370%，含量最低的为正十四烷，百分比含量为4.267%。烯烃类物质共有4种，为1-石竹烯、白菖烯、桉油烯醇和氧化石竹烯，百分比含量共占34.474%；醇类物质共有1种，为桉油烯醇，百分比含量共占8.321%；酯类物质共有1种，为二氢猕猴桃内酯，百分比含量占9.360%；酮类物质共有1种，为β-紫罗兰酮，百分比含量占12.377%；萘类物质共有2种，分别为2-乙烯基萘和（1S，8aR)-1-异丙基-4，7-二甲基-1，2，3，5，6，8a-六氢萘，百分比含量共占9.183%；烷烃类物质有1种，为正十四烷，百分比含量占4.267%。

表7-7  8月1日针茅挥发性物质分析表

| 序号 | 占比（%） | CAS号 | 挥发性物质 | 所属类别 |
|---|---|---|---|---|
| 1 | 14.370 | 87-44-5 | 1-石竹烯 | 烯烃 |
| 2 | 12.377 | 79-77-6 | β-紫罗兰酮 | 酮 |
| 3 | 10.744 | 23966-74-5 | 白菖烯 | 烯烃 |
| 4 | 9.360 | 15356-74-8 | 二氢猕猴桃内酯 | 酯 |
| 5 | 8.321 | 77171-55-2 | 桉油烯醇 | 醇 |
| 6 | 5.023 | 18794-84-8 | (E)-β-金合欢烯 | 烯烃 |
| 7 | 4.816 | 827-54-3 | 2-乙烯基萘 | 萘 |
| 8 | 4.367 | 483-76-1 | (1S, 8aR)-1-异丙基-4, 7-二甲基-1, 2, 3, 5, 6, 8a-六氢萘 | 萘 |
| 9 | 4.337 | 1139-30-6 | 氧化石竹烯 | 烯烃 |
| 10 | 4.267 | 629-59-4 | 正十四烷 | 烷烃 |

## 二、8月10日针茅挥发性物质分析

8月10日针茅挥发性物质的总离子图如图7-7所示。8月10日针茅挥发性物质共检测出87种。

由表7-8可知，8月10日针茅挥发性物质含量置于3.262%~13.142%，挥发性物质最高的为二氢猕猴桃内酯，百分比含量为13.142%，含量最低

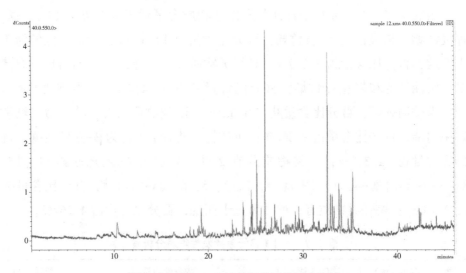

图 7-7　8 月 10 日针茅挥发性物质分布图

的为叶绿醇，百分比含量为 3.262%。烯烃类物质有 1 种，为反式-β-金合欢烯，百分比含量占 3.825%；醇类物质共有 2 种，为 13-十七炔-1-醇和叶绿醇，百分比含量共占 6.515%；酯类物质共有 1 种，为二氢猕猴桃内酯，百分比含量占 13.142%；酮类物质共有 4 种，分别植酮、β-紫罗兰酮、十七烷酮和法尼基丙酮，百分比含量共占 24.782%；苯类物质共有 1 种，为联苯，百分比含量占 10.288%；酸类物质有 1 种，为棕榈酸，百分比含量占 7.392%。

表 7-8　8 月 10 日针茅挥发性物质分析表

| 序号 | 占比（%） | CAS 号 | 挥发性物质 | 所属类别 |
| --- | --- | --- | --- | --- |
| 1 | 13.142 | 17092-92-1 | 二氢猕猴桃内酯 | 酯 |
| 2 | 11.254 | 502-69-2 | 植酮 | 酮 |
| 3 | 10.288 | 92-52-4 | 联苯 | 苯 |
| 4 | 7.392 | 57-10-3 | 棕榈酸 | 酸 |
| 5 | 5.114 | 14901-07-6 | β-紫罗兰酮 | 酮 |
| 6 | 5.052 | 2922-51-2 | 十七烷酮 | 酮 |
| 7 | 3.825 | 70901-63-2 | 反式-β-金合欢烯 | 烯烃 |

（续表）

| 序号 | 占比（%） | CAS 号 | 挥发性物质 | 所属类别 |
|---|---|---|---|---|
| 8 | 3.362 | 1117-52-8 | 法尼基丙酮 | 酮 |
| 9 | 3.253 | 56554-77-9 | 13-十七炔-1-醇 | 醇 |
| 10 | 3.262 | 102608-53-7 | 叶绿醇 | 醇 |

## 三、8月20日针茅挥发性物质分析

8月20日针茅挥发性物质的总离子图如图7-8所示。8月20日针茅挥发性物质共检测出226种。

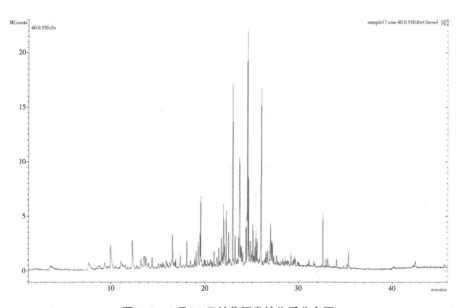

**图7-8　8月20日针茅挥发性物质分布图**

由表7-9可知，8月20日针茅挥发性物质含量置于3.608%~16.680%，挥发性物质最高的为β-紫罗兰酮，百分比含量为16.680%，含量最低的为十二烷，百分比含量为3.608%。烯烃类物质有2种，为1-石竹烯和β-波旁烯，百分比含量共占10.927%；醇类物质共有1种，为叶绿醇，百分比含量共占4.793%；酮类物质共有3种，分别植酮、β-紫罗兰酮和香叶基丙酮，百分比含量共占 38.088%；苯类物质共有 1 种，为联苯，百分比含量占 15.382%；烷烃类物质有 3 种，为正十九烷、十二烷和正十三烷，百分比含量共占 12.667%。

表 7-9　8 月 20 日针茅挥发性物质分析表

| 序号 | 占比（%） | CAS 号 | 挥发性物质 | 所属类别 |
|---|---|---|---|---|
| 1 | 16.680 | 14901-07-6 | β-紫罗兰酮 | 酮 |
| 2 | 15.610 | 502-69-2 | 植酮 | 酮 |
| 3 | 15.382 | 92-52-4 | 联苯 | 苯 |
| 4 | 6.343 | 87-44-5 | 1-石竹烯 | 烯烃 |
| 5 | 5.798 | 3796-70-1 | 香叶基丙酮 | 酮 |
| 6 | 5.191 | 629-50-5 | 正十三烷 | 烷烃 |
| 7 | 4.793 | 102608-53-7 | 叶绿醇 | 醇 |
| 8 | 4.584 | 5208-59-3 | β-波旁烯 | 烯烃 |
| 9 | 3.868 | 629-92-5 | 正十九烷 | 烷烃 |
| 10 | 3.608 | 112-40-3 | 十二烷 | 烷烃 |

## 四、8 月 30 日针茅挥发性物质分析

8 月 30 日针茅挥发性物质的总离子图如图 7-9 所示。8 月 30 日针茅挥发性物质共检测出 149 种。

由表 7-10 可知，8 月 30 日针茅挥发性物质含量置于 2.871% ~ 14.943%，挥发性物质最高的为二氢猕猴桃内酯，百分比含量为 14.943%，含量最低的为十二烷，百分比含量为 2.871%。烯烃类物质有 3 种，分别为 1-石竹烯、β-波旁烯和 α-姜黄烯，百分比含量共占 20.924%；酮类物质共有 3 种，分别为 4-[2，2，6-三甲基-7-氧杂二环 [4.1.0] 庚-1-基]-3-丁烯-2-酮、香叶基丙酮和 β-紫罗兰酮，百分比含量共占 25.174%；脂类物质共有 1 种，为二氢猕猴桃内酯，百分比含量占 14.943%；烷烃类物质有 2 种，分别为十二烷和正十三烷，百分比含量共占 5.948%；醛类物质有 1 种，分别为 (E，E)-2，4-庚二烯醛，百分比含量共占 3.268%。

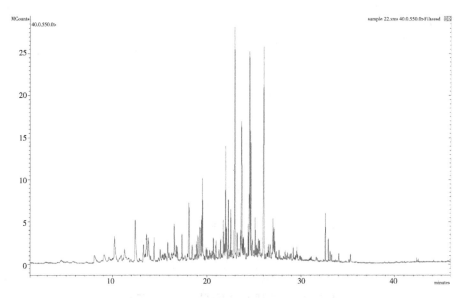

**图 7-9　8 月 30 日针茅挥发性物质分布图**

**表 7-10　8 月 30 日针茅挥发性物质分析表**

| 序号 | 占比（%） | CAS 号 | 挥发性物质 | 所属类别 |
|---|---|---|---|---|
| 1 | 14.943 | 17092-92-1 | 二氢猕猴桃内酯 | 酯 |
| 2 | 13.055 | 14901-07-6 | β-紫罗兰酮 | 酮 |
| 3 | 10.617 | 644-30-4 | α-姜黄烯 | 烯烃 |
| 4 | 6.664 | 23267-57-4 | 4-[2，2，6-三甲基-7-氧杂二环[4.1.0]庚-1-基]-3-丁烯-2-酮 | 酮 |
| 5 | 5.626 | 87-44-5 | 1-石竹烯 | 烯烃 |
| 6 | 5.455 | 3796-70-1 | 香叶基丙酮 | 酮 |
| 7 | 4.681 | 5208-59-3 | β-波旁烯 | 烯烃 |
| 8 | 3.268 | 4313-03-5 | （E，E）-2，4-庚二烯醛 | 醛 |
| 9 | 3.077 | 629-50-5 | 正十三烷 | 烷烃 |
| 10 | 2.871 | 112-40-3 | 十二烷 | 烷烃 |

## 五、9 月 10 日针茅挥发性物质分析

9 月 10 日针茅挥发性物质的总离子图如图 7-10 所示。9 月 10 日针茅挥发性物质共检测出 223 种。

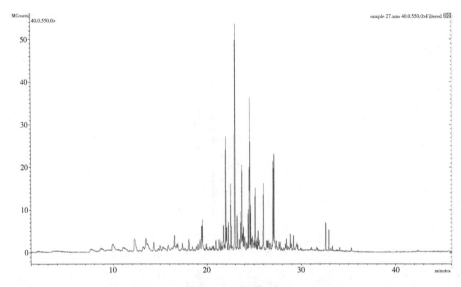

**图7-10　9月10日针茅挥发性物质分布图**

由表7-11可知，9月10日针茅挥发性物质含量置于3.533%～18.811%，挥发性物质最高的为1-石竹烯，百分比含量为18.811%，含量最低的为正十三烷，百分比含量为3.533%。烯烃类物质有5种，分别为1-石竹烯、雪松烯、β-波旁烯、α-姜黄烯和氧化石竹烯，百分比含量共占46.031%；醇类物质共有1种，为桉油烯醇，百分比含量占4.918%；酯类物质共有1种，为二氢猕猴桃内酯，百分比含量占4.490%；烷烃类物质有1种，为正十三烷，百分比含量占3.533%；醛类物质有1种，为（E，E）-2，4-庚二烯醛，百分比含量占3.712%；酚类物质有1种，为甲基丁香酚，百分比含量占7.279%。

**表7-11　9月10日针茅挥发性物质分析表**

| 序号 | 占比（%） | CAS号 | 挥发性物质 | 所属类别 |
|---|---|---|---|---|
| 1 | 18.811 | 87-44-5 | 1-石竹烯 | 烯烃 |
| 2 | 8.662 | 23986-74-5 | 雪松烯 | 烯烃 |
| 3 | 7.544 | 5208-59-3 | β-波旁烯 | 烯烃 |
| 4 | 7.279 | 93-15-2 | 甲基丁香酚 | 酚 |
| 5 | 5.748 | 644-30-4 | α-姜黄烯 | 烯烃 |
| 6 | 5.266 | 1139-30-6 | 氧化石竹烯 | 烯烃 |

（续表）

| 序号 | 占比（%） | CAS 号 | 挥发性物质 | 所属类别 |
|---|---|---|---|---|
| 7 | 4.918 | 77171-55-2 | 桉油烯醇 | 醇 |
| 0 | 4.490 | 17092-92-1 | 二氢猕猴桃内酯 | 酯 |
| 9 | 3.712 | 4313-03-5 | （E，E）-2，4-庚二烯醛 | 醛 |
| 10 | 3.533 | 629-50-5 | 正十三烷 | 烷烃 |

## 六、不同收获期针茅挥发性物质变化

不同收获期针茅挥发性物质变化如表 7-12 所示。

表 7-12　不同收获期针茅挥发性物质变化表　　（单位:%）

| 收获期 | 烯烃类 | 醇类 | 酯类 | 酮类 | 烷烃类 | 醛类 | 酚类 | 苯类 | 酸类 | 萘类 |
|---|---|---|---|---|---|---|---|---|---|---|
| 8月1日 | 34.47 | 8.32 | 9.36 | 12.37 | 4.26 | — | — | — | — | 9.18 |
| 8月10日 | 3.825 | 6.51 | 13.14 | 24.78 | — | — | — | 10.28 | 7.39 | — |
| 8月20日 | 10.92 | 4.79 | — | 38.08 | 12.66 | — | — | 15.38 | — | — |
| 8月30日 | 20.92 | — | 14.94 | 25.17 | 5.94 | 3.26 | — | — | — | — |
| 9月10日 | 46.03 | 4.91 | 4.49 | 17.45 | 3.53 | 3.71 | 7.27 | — | — | — |

由表 7-12 可知，随着收获期的延长，针茅体内挥发性物质共有 10 类，分别为烯烃类、醇类、酯类、酮类、烷烃类、醛类、酚类、苯类、酸类和萘类，且含量呈不同变化趋势，其中，酮类总含量最高，其次为烯烃类，再次为脂类。

# 第五节　不同收获期达乌里胡枝子挥发性物质分析

## 一、8 月 1 日达乌里胡枝子挥发性物质分析

8 月 1 日达乌里胡枝子挥发性物质的总离子图如图 7-11 所示。8 月 1 日达乌里胡枝子挥发性物质共检测出 164 种。

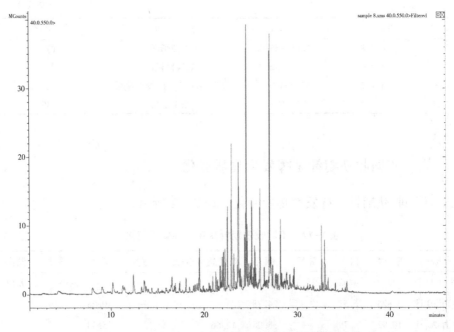

**图 7-11  8 月 1 日达乌里胡枝子挥发性物质分布图**

由表 7-13 可知，8 月 1 日达乌里胡枝子挥发性物质含量置于 2.928%～13.852%，挥发性物质最高的为雪松烯，百分比含量为 13.852%，含量最低的为十二甲基环六硅氧烷，百分比含量为 2.928%。烯烃类物质有 2 种，分别为雪松烯和 β-波旁烯，百分比含量共占 24.16%；醇类物质共有 2 种，分别为桉油烯醇和叶绿醇，百分比含量共占 11.94%；酮类物质共有 1 种，为香叶基丙酮，百分比含量占 6.345%；烷烃类物质有 2 种，为正十三烷、十二甲基环六硅氧烷，百分比含量占 6.28%；醛类物质有 1 种，为（E，E）-2，4-庚二烯醛，百分比含量占 4.064%。酚类物质有 1 种，为甲基丁香酚，百分比含量占 3.902%；萘类物质有 1 种，为 1，2，4a，5，6，8a-六氢-4，7-二甲基-1-（1-甲基乙基）萘，物质含量为 5.205%。

表 7-13　8 月 1 日达乌里胡枝子挥发性物质分析表

| 序号 | 百分比（%） | CAS 号 | 挥发性物质 | 所属类别 |
|---|---|---|---|---|
| 1 | 13.852 | 11028-42-5 | 雪松烯 | 烯烃 |
| 2 | 10.308 | 77171-55-2 | 桉油烯醇 | 醇 |
| 3 | 8.705 | 5208-59-3 | β-波旁烯 | 烯烃 |
| 4 | 6.345 | 3796-70-1 | 香叶基丙酮 | 酮 |
| 5 | 5.205 | 31983-22-9 | 1，2，4a，5，6，8a-六氢-4，7-二甲基-1-(1-甲基乙基)萘 | 萘 |
| 6 | 4.064 | 4313-03-5 | （E，E)-2，4-庚二烯醛 | 醛 |
| 7 | 3.902 | 93-15-2 | 甲基丁香酚 | 酚 |
| 8 | 3.350 | 629-50-5 | 正十三烷 | 烷烃 |
| 9 | 3.235 | 102608-53-7 | 叶绿醇 | 醇 |
| 10 | 2.928 | 540-97-6 | 十二甲基环六硅氧烷 | 烷烃 |

## 二、8 月 10 日达乌里胡枝子挥发性物质分析

8 月 10 日达乌里胡枝子挥发性物质的总离子图如图 7-12 所示。8 月 10 日达乌里胡枝子挥发性物质共检测出 114 种。

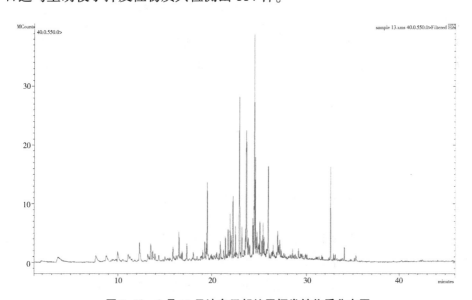

图 7-12　8 月 10 日达乌里胡枝子挥发性物质分布图

由表 7-14 可知，8 月 10 日达乌里胡枝子挥发性物质含量置于 3.497% ~
21.743%，挥发性物质最高的为 β-紫罗兰酮，百分比含量为 21.743%，含量
最低的为十二甲基环六硅氧烷，百分比含量为 3.497%。烯烃类物质有 3 种，
分别为雪松烯、β-波旁烯和 1-石竹烯，百分比含量共占 27.63%；酮类物质
共有 3 种，分别为 β-紫罗兰酮、香叶基丙酮和 4-[2，2，6-三甲基-7-氧杂
二环 [4.1.0] 庚-1-基]-3-丁烯-2-酮，百分比含量共占 38.469%；烷烃类
物质有 2 种，分别为十二甲基环六硅氧烷和正十四烷，百分比含量共占
10.197%；酯类物质有 1 种，为二氢猕猴桃内酯，百分比含量占 8.524%；萘
类物质有 1 种，为 2-乙烯基萘，物质含量为 4.851%。

表 7-14　8 月 10 日达乌里胡枝子挥发性物质分析表

| 序号 | 百分比（%） | CAS 号 | 挥发性物质 | 所属类别 |
|---|---|---|---|---|
| 1 | 21.743 | 14901-07-6 | β-紫罗兰酮 | 酮 |
| 2 | 15.648 | 87-44-5 | 1-石竹烯 | 烯烃 |
| 3 | 10.008 | 3796-70-1 | 香叶基丙酮 | 酮 |
| 4 | 8.524 | 17092-92-1 | 二氢猕猴桃内酯 | 酯 |
| 5 | 6.718 | 23267-57-4 | 4-[2，2，6-三甲基-7-氧杂二环 [4.1.0] 庚-1-基]-3-丁烯-2-酮 | 酮 |
| 6 | 6.700 | 629-59-4 | 正十四烷 | 烷烃 |
| 7 | 6.665 | 5208-59-3 | β-波旁烯 | 烯烃 |
| 8 | 5.317 | 11028-42-5 | 雪松烯 | 烯烃 |
| 9 | 4.851 | 827-54-3 | 2-乙烯基萘 | 萘 |
| 10 | 3.497 | 540-97-6 | 十二甲基环六硅氧烷 | 烷烃 |

### 三、8 月 20 日达乌里胡枝子挥发性物质分析

8 月 20 日达乌里胡枝子挥发性物质的总离子图如图 7-13 所示。8 月 20
日达乌里胡枝子挥发性物质共检测出 183 种。

由表 7-15 可知，8 月 20 日达乌里胡枝子挥发性物质含量置于 3.682% ~
21.845%，挥发性物质最高的为二氢猕猴桃内酯，百分比含量为 21.845%，含

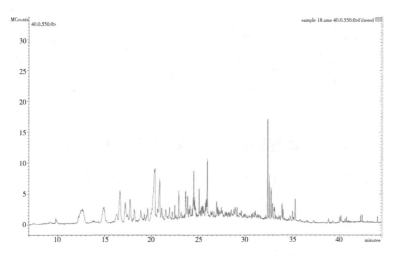

**图 7-13　8 月 20 日达乌里胡枝子挥发性物质分布图**

量最低的为十二甲基环六硅氧烷，百分比含量为 3.682%。烯烃类物质有 4种，分别为 1-石竹烯、β-波旁烯、雪松烯和 α-姜黄烯，百分比含量占34.095%；醇类物质有 1 种，为叶绿醇，含量为 4.724%；酮类物质共有 1 种，为 β-紫罗兰酮，百分比含量占 12.116%；烷烃类物质有 2 种，分别为十二甲基环六硅氧烷和正十四烷，百分比含量共占 13.682%；酯类物质有 1 种，为二氢猕猴桃内酯，百分比含量占 21.845%；萘类物质有 1 种，为 2-乙烯基萘，物质含量为 5.611%。

**表 7-15　8 月 20 日达乌里胡枝子挥发性物质分析表**

| 序号 | 占比（%） | CAS 号 | 挥发性物质 | 所属类别 |
| --- | --- | --- | --- | --- |
| 1 | 21.845 | 17092-92-1 | 二氢猕猴桃内酯 | 酯 |
| 2 | 12.829 | 87-44-5 | 1-石竹烯 | 烯烃 |
| 3 | 12.116 | 14901-07-6 | β-紫罗兰酮 | 酮 |
| 4 | 11.000 | 629-59-4 | 正十四烷 | 烷烃 |
| 5 | 10.379 | 5208-59-3 | β-波旁烯 | 烯烃 |
| 6 | 7.175 | 11028-42-5 | 雪松烯 | 烯烃 |
| 7 | 5.611 | 827-54-3 | 2-乙烯基萘 | 萘 |
| 8 | 4.724 | 102608-53-7 | 叶绿醇 | 醇 |

（续表）

| 序号 | 占比（%） | CAS号 | 挥发性物质 | 所属类别 |
|------|-----------|---------|------------|----------|
| 9 | 3.712 | 644-30-4 | α-姜黄烯 | 烯烃 |
| 10 | 3.682 | 540-97-6 | 十二甲基环六硅氧烷 | 烷烃 |

## 四、8月30日达乌里胡枝子挥发性物质分析

8月30日达乌里胡枝子挥发性物质的总离子图如图7-14所示。8月30日达乌里胡枝子挥发性物质共检测出120种。

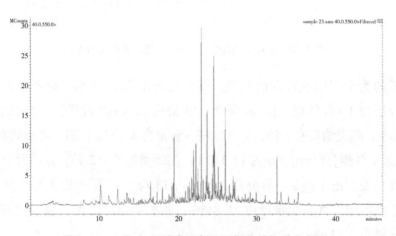

**图7-14 8月30日达乌里胡枝子挥发性物质分布图**

由表7-16可知，8月30日达乌里胡枝子挥发性物质含量置于4.888%~20.362%，挥发性物质含量最高的为1-石竹烯，百分比含量为20.362%，含量最低的为氧化石竹烯，百分比含量为4.888%。烯烃类物质有4种，分别为1-石竹烯、（E）-β-金合欢烯、β-波旁烯和氧化石竹烯，百分比含量共占37.762%；酮类物质共有3种，分别为香叶基丙酮、β-紫罗兰酮和4-[2，2，6-三甲基-7-氧杂二环[4.1.0]庚-1-基]-3-丁烯-2-酮，百分比含量占24.106%；烷烃类物质有2种，分别为正十三烷和正十四烷，百分比含量共占11.175%；酯类物质有1种，为二氢猕猴桃内酯，百分比含量占9.800%。

表 7-16　8 月 30 日达乌里胡枝子挥发性物质分析表

| 序号 | 占比（%） | CAS 号 | 挥发性物质 | 所属类别 |
|---|---|---|---|---|
| 1 | 20.362 | 87-44-5 | 1-石竹烯 | 烯烃 |
| 2 | 10.746 | 3796-70-1 | 香叶基丙酮 | 酮 |
| 3 | 9.800 | 17092-92-1 | 二氢猕猴桃内酯 | 酯 |
| 4 | 7.119 | 14901-07-6 | β-紫罗兰酮 | 酮 |
| 5 | 7.081 | 18794-84-8 | (E)-β-金合欢烯 | 烯烃 |
| 6 | 6.241 | 23267-57-4 | 4-[2，2，6-三甲基-7-氧杂二环[4.1.0] 庚-1-基]-3-丁烯-2-酮 | 酮 |
| 7 | 6.070 | 629-50-5 | 正十三烷 | 烷烃 |
| 8 | 5.431 | 5208-59-3 | β-波旁烯 | 烯烃 |
| 9 | 5.105 | 629-59-4 | 正十四烷 | 烷烃 |
| 10 | 4.888 | 1139-30-6 | 氧化石竹烯 | 烯烃 |

## 五、9 月 10 日达乌里胡枝子挥发性物质分析

9 月 10 日达乌里胡枝子挥发性物质总离子图如图 7-15 所示。9 月 10 日达乌里胡枝子挥发性物质共检测出 120 种。

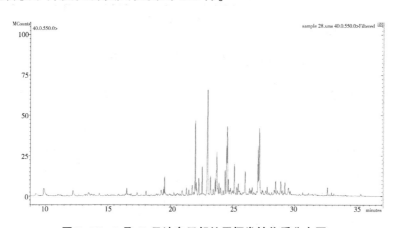

图 7-15　9 月 10 日达乌里胡枝子挥发性物质分布图

由表 7-17 可知，9 月 10 日达乌里胡枝子挥发性物质含量置于 3.350%~21.753%，挥发性物质最高的为 1-石竹烯，百分比含量为 21.753%，含量

最低的为氧化石竹烯，百分比含量为 3.350%。烯烃类物质有 6 种，分别为 1-石竹烯、(E)-β-金合欢烯、β-波旁烯、氧化石竹烯、雪松烯和 α-姜黄烯，百分比含量共占 56.22%；烷烃类物质有 1 种，为正十三烷，百分比含量占 12.396%；酚类物质有 1 种，为甲基丁香酚，百分比含量占 8.410%；醇类物质有 1 种，为桉油烯醇，百分比含量为 7.409%；苯类物质有 1 种，为联苯，百分比含量为 3.810%。

表 7-17　9 月 10 日达乌里胡枝子挥发性物质分析表

| 序号 | 占比（%） | CAS 号 | 挥发性物质 | 所属类别 |
|---|---|---|---|---|
| 1 | 21.753 | 87-44-5 | 1-石竹烯 | 烯烃 |
| 2 | 12.516 | 5208-59-3 | β-波旁烯 | 烯烃 |
| 3 | 12.396 | 629-50-5 | 正十三烷 | 烷烃 |
| 4 | 8.410 | 93-15-2 | 甲基丁香酚 | 酚 |
| 5 | 8.101 | 18794-84-8 | (E)-β-金合欢烯 | 烯烃 |
| 6 | 7.409 | 77171-55-2 | 桉油烯醇 | 醇 |
| 7 | 6.943 | 23986-74-5 | 雪松烯 | 烯烃 |
| 8 | 3.810 | 92-52-4 | 联苯 | 苯 |
| 9 | 3.557 | 644-30-4 | α-姜黄烯 | 烯烃 |
| 10 | 3.350 | 1139-30-6 | 氧化石竹烯 | 烯烃 |

## 六、不同收获期达乌里胡枝子挥发性物质变化

不同收获期达乌里胡枝子挥发性物质变化如表 7-18 所示。

表 7-18　不同收获期达乌里胡枝子挥发性物质变化表　　　　　（单位:%）

| 收获期 | 烯烃类 | 醇类 | 酯类 | 酮类 | 烷烃类 | 醛类 | 酚类 | 苯类 | 萘类 |
|---|---|---|---|---|---|---|---|---|---|
| 8 月 1 日 | 24.16 | 11.940 | — | 6.345 | 6.280 | 4.064 | 3.902 | — | 5.205 |
| 8 月 10 日 | 27.63 | — | 8.524 | 38.469 | 10.197 | — | — | — | 4.851 |
| 8 月 20 日 | 34.095 | 4.724 | 21.845 | 12.116 | 13.682 | — | — | — | 5.611 |
| 8 月 30 日 | 37.762 | — | 9.800 | 24.106 | 11.175 | — | — | — | — |
| 9 月 10 日 | 56.22 | 7.409 | — | — | 12.396 | — | 8.410 | 3.810 | — |

由表 7-18 可知，随着收获期的延长，达乌里胡枝子体内挥发性物质共有 9 类，分别为烯烃类、醇类、酯类、酮类、烷烃类、醛类、酚类、苯类和萘类，且含量呈不同变化趋势。其中，酮类总含量最高，其次为烯烃类，再次为脂类。

## 第六节　不同收获期中华隐子草挥发性物质分析

### 一、8 月 1 日中华隐子草挥发性物质分析

8 月 1 日中华隐子草挥发性物质总离子图如图 7-16 所示。8 月 1 日中华隐子草挥发性物质共检测出 183 种。

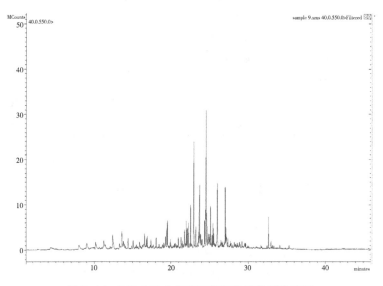

**图 7-16　8 月 1 日中华隐子草挥发性物质分布图**

由表 7-19 可知，8 月 1 日中华隐子草挥发性物质含量置于 3.659% ~ 14.555%，挥发性物质最高的为 α-姜黄烯，百分比含量为 14.555%，含量最低的为植酮，百分比含量为 3.659%。烯烃类物质有 2 种，分别为 1-石竹烯和 α-姜黄烯，百分比含量共占 28.998%；烷烃类物质有 1 种，为正十三

烷，百分比含量占 4.079%；酚类物质有 1 种，为甲基丁香酚，百分比含量占 4.340%；醇类物质有 1 种，为桉油烯醇，百分比含量为 6.231%；萘类物质有 1 种，为 2-乙烯基萘，百分比含量为 4.257%；酸类物质有 2 种，分别为油酸和落叶松覃酸，百分比含量共占 12.198%；酯类物质有 1 种，为二氢猕猴桃内酯，百分比含量为 9.269%；酮类物质有 1 种，为植酮，百分比含量为 3.659%。

表 7-19　8 月 1 日中华隐子草挥发性物质分析表

| 序号 | 占比（%） | CAS 号 | 挥发性物质 | 所属类别 |
|------|-----------|---------|-------------|----------|
| 1 | 14.555 | 644-30-4 | α-姜黄烯 | 烯烃 |
| 2 | 14.443 | 87-44-5 | 1-石竹烯 | 烯烃 |
| 3 | 9.269 | 17092-92-1 | 二氢猕猴桃内酯 | 酯 |
| 4 | 8.243 | 112-80-1 | 油酸 | 酸 |
| 5 | 6.231 | 77171-55-2 | 桉油烯醇 | 醇 |
| 6 | 4.340 | 93-15-2 | 甲基丁香酚 | 酚 |
| 7 | 4.257 | 827-54-3 | 2-乙烯基萘 | 萘 |
| 8 | 4.079 | 629-50-5 | 正十三烷 | 烷烃 |
| 9 | 3.955 | 666-99-9 | 落叶松覃酸 | 酸 |
| 10 | 3.659 | 502-69-2 | 植酮 | 酮 |

## 二、8 月 10 日中华隐子草挥发性物质分析

8 月 10 日中华隐子草挥发性物质总离子图如图 7-17 所示。8 月 10 日中华隐子草挥发性物质共检测出 183 种。

由表 7-20 可知，8 月 10 日中华隐子草挥发性物质含量置于 0.803%~21.292%，挥发性物质最高的为 1-石竹烯，百分比含量为 21.292%，含量最低的为植酮，百分比含量为 0.803%。烯烃类物质有 4 种，分别为 1-石竹烯、α-姜黄烯、α-柏木烯和反式-β-金合欢烯，百分比含量共占 49.443%；烷烃类物质有 1 种，为正十三烷，百分比含量占 5.004%；酸类物质有 1 种，为落叶松覃酸，百分比含量占 3.416%；醇类物质有 1 种，为桉油烯醇，百

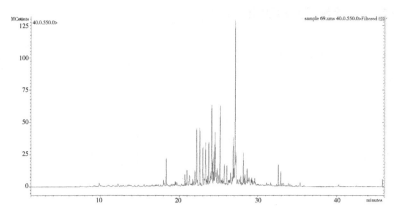

图 7-17　8 月 10 日中华隐子草挥发性物质分布图

分比含量为 9.397%；萘类物质有 1 种，为 2-乙烯基萘，百分比含量为 16.186%；酮类物质有 2 种，分别为 β-紫罗兰酮和植酮，百分比含量共占 16.554%。

表 7-20　8 月 10 日中华隐子草挥发性物质分析表

| 序号 | 占比（%） | CAS 号 | 挥发性物质 | 所属类别 |
| --- | --- | --- | --- | --- |
| 1 | 21.292 | 87-44-5 | 1-石竹烯 | 烯烃 |
| 2 | 16.186 | 827-54-3 | 2-乙烯基萘 | 萘 |
| 3 | 15.751 | 14901-07-6 | β-紫罗兰酮 | 酮 |
| 4 | 13.27 | 644-3 | α-姜黄烯 | 烯烃 |
| 5 | 9.397 | 77171-55-2 | 桉油烯醇 | 醇 |
| 6 | 7.550 | 469-61-4 | α-柏木烯 | 烯烃 |
| 7 | 7.331 | 18794-84-8 | 反式-β-金合欢烯 | 烯烃 |
| 8 | 5.004 | 23986-74-5 | 正十三烷 | 烷烃 |
| 9 | 3.416 | 666-99-9 | 落叶松蕈酸 | 酸 |
| 10 | 0.803 | 502-69-2 | 植酮 | 酮 |

## 三、8 月 20 日中华隐子草挥发性物质分析

8 月 20 日中华隐子草挥发性物质总离子图如图 7-18 所示。8 月 20 日中

华隐子草挥发性物质共检测出 146 种。

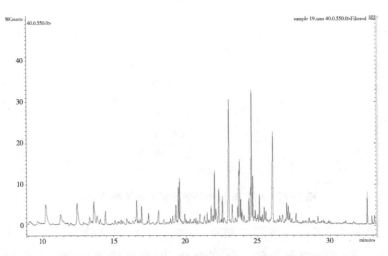

**图 7-18  8 月 20 日中华隐子草挥发性物质分布图**

由表 7-21 可知，8 月 20 日中华隐子草挥发性物质含量置于 3.510%～13.960%，挥发性物质最高的为二氢猕猴桃内酯，百分比含量为 13.960%，含量最低的为植酮，百分比含量为 3.510%。酯类物质有 1 种，为二氢猕猴桃内酯，百分比含量为 13.960%。烯烃类物质有 1 种，为 1-石竹烯，百分比含量占 12.003%；烷烃类物质有 1 种，为正十三烷，百分比含量占 4.303%；酸类物质有 1 种，为油酸，百分比含量占 4.091%；醇类物质有 1 种，为叶绿醇，百分比含量为 4.949%；醛类物质有 2 种，分别为（E，E)-2，4-庚二烯醛和壬醛，百分比含量共占 10.241%；酮类物质有 3 种，为 β-紫罗兰酮、香叶基丙酮和植酮，百分比含量共占 23.679%。

**表 7-21  8 月 20 日中华隐子草挥发性物质分析表**

| 序号 | 占比（%） | CAS 号 | 挥发性物质 | 所属类别 |
|---|---|---|---|---|
| 1 | 13.960 | 17092-92-1 | 二氢猕猴桃内酯 | 酯 |
| 2 | 12.003 | 87-44-5 | 1-石竹烯 | 烯烃 |
| 3 | 11.865 | 14901-07-6 | β-紫罗兰酮 | 酮 |
| 4 | 8.304 | 3796-70-1 | 香叶基丙酮 | 酮 |
| 5 | 5.521 | 4313-03-5 | （E，E)-2，4-庚二烯醛 | 醛 |

（续表）

| 序号 | 占比（%） | CAS 号 | 挥发性物质 | 所属类别 |
| --- | --- | --- | --- | --- |
| 6 | 4.949 | 102608-53-7 | 叶绿醇 | 醇 |
| 7 | 4.720 | 124-19-6 | 壬醛 | 醛 |
| 8 | 4.303 | 629-50-5 | 正十三烷 | 烷烃 |
| 9 | 4.091 | 112-80-1 | 油酸 | 酸 |
| 10 | 3.510 | 502-69-2 | 植酮 | 酮 |

## 四、中华隐子草 8 月 30 日挥发性物质分析

8 月 30 日中华隐子草挥发性物质总离子图如图 7-19 所示。8 月 30 日中华隐子草挥发性物质共检测出 103 种。

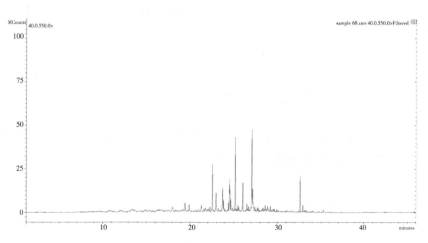

图 7-19　8 月 30 日中华隐子草挥发性物质分布图

由表 7-22 可知，8 月 30 日中华隐子草挥发性物质含量置于 3.132%～30.744%，挥发性物质最高的为桉油烯醇，百分比含量为 30.744%，含量最低的为丁香酚，百分比含量为 3.132%。烯烃类物质有 4 种，分别为氧化石竹烯、α-姜黄烯、反式-β-金合欢烯和 β-石竹烯，百分比含量共占 38.094%；醇类物质有 2 种，分别为桉油烯醇和叶绿醇，百分比含量共占 4.949%；酚类物质有 2 种，分别为甲基丁香酚和丁香酚，百分比含量共占 6.442%；酮类物质有 1 种，为 β-紫罗兰酮，百分比含量为 8.176%。苯类

物质有1种，为联苯，百分比含量为 8.333%。

表 7-22    8 月 30 日中华隐子草挥发性物质分析表

| 序号 | 占比（%） | CAS 号 | 挥发性物质 | 所属类别 |
|------|-----------|---------|------------|----------|
| 1 | 30.744 | 6750-60-3 | 桉油烯醇 | 醇类 |
| 2 | 14.477 | 1139-30-6 | 氧化石竹烯 | 烯烃 |
| 3 | 8.333 | 92-52-4 | 联苯 | 苯类 |
| 4 | 8.176 | 14901-07-6 | β-紫罗兰酮 | 酮类 |
| 5 | 7.722 | 644-30-4 | α-姜黄烯 | 烯烃 |
| 6 | 7.350 | 1461-03-6 | 叶绿醇 | 醇类 |
| 7 | 5.595 | 18794-84-8 | 反式-β-金合欢烯 | 烯烃 |
| 8 | 3.860 | 87-44-5 | β-石竹烯 | 烯烃 |
| 9 | 3.310 | 93-15-2 | 甲基丁香酚 | 酚类 |
| 10 | 3.132 | 97-53-0 | 丁香酚 | 酚类 |

## 五、中华隐子草 9 月 10 日挥发性物质分析

9 月 10 日中华隐子草挥发性物质总离子图如图 7-20 所示。9 月 10 日中华隐子草挥发性物质共检测出 122 种。

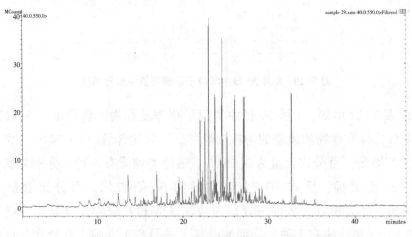

图 7-20    9 月 10 日中华隐子草挥发性物质分布图

由表 7-23 可知，9 月 10 日中华隐子草挥发性物质含量置于 3.494%～17.421%，挥发性物质最高的为桉油烯醇，百分比含量为 17.421%，含量最低的为叶绿醇，百分比含量为 3.494%。醇类物质有 2 种，分别为桉油烯醇和叶绿醇，百分比含量共占 20.915%；苯类物质有 1 种，为联苯，百分比含量占 16.999%；酚类物质有 1 种，为甲基丁香酚，百分比含量为 9.738%。脂类物质有 1 种，为二氢猕猴桃内酯，百分比含量为 5.523%。烯烃类物质有 4 种，分别为 1-石竹烯、（E）-β-金合欢烯、α-姜黄烯和氧化石竹烯，百分比含量共占 23.834%；酮类物质有 1 种，为 β-紫罗兰酮，百分比含量为 5.971%。

表 7-23 9 月 10 日中华隐子草挥发性物质分析表

| 序号 | 占比（%） | CAS 号 | 挥发性物质 | 所属类别 |
|---|---|---|---|---|
| 1 | 17.421 | 77171-55-2 | 桉油烯醇 | 醇 |
| 2 | 16.999 | 92-52-4 | 联苯 | 苯 |
| 3 | 9.738 | 93-15-2 | 甲基丁香酚 | 酚 |
| 4 | 6.395 | 87-44-5 | 1-石竹烯 | 烯烃 |
| 5 | 6.077 | 18794-84-8 | （E）-β-金合欢烯 | 烯烃 |
| 6 | 6.054 | 644-30-4 | α-姜黄烯 | 烯烃 |
| 7 | 5.971 | 14901-07-6 | β-紫罗兰酮 | 酮 |
| 8 | 5.523 | 17092-92-1 | 二氢猕猴桃内酯 | 酯 |
| 9 | 5.308 | 1139-30-6 | 氧化石竹烯 | 烯烃 |
| 10 | 3.494 | 102608-53-7 | 叶绿醇 | 醇 |

## 六、不同收获期中华隐子草挥发性物质变化

不同收获期中华隐子草挥发性物质变化如表 7-24 所示。

表 7-24 不同收获期中华隐子草挥发性物质变化表　　　　　　（单位：%）

| 收获期 | 烯烃类 | 醇类 | 酯类 | 酮类 | 烷烃类 | 醛类 | 酚类 | 苯类 | 萘类 | 酸类 |
|---|---|---|---|---|---|---|---|---|---|---|
| 8 月 1 日 | 28.998 | 6.231 | 3.659 | — | 4.079 | — | 4.34 | — | 4.257 | 12.198 |
| 8 月 10 日 | 49.443 | 9.397 | — | 16.554 | 5.004 | — | — | 9.397 | 16.186 | 3.416 |
| 8 月 20 日 | 12.003 | 4.949 | 13.96 | 23.679 | 4.303 | 10.241 | — | — | — | 4.091 |

（续表）

| 收获期 | 烯烃类 | 醇类 | 酯类 | 酮类 | 烷烃类 | 醛类 | 酚类 | 苯类 | 萘类 | 酸类 |
|---|---|---|---|---|---|---|---|---|---|---|
| 8月30日 | 38.094 | 4.949 | — | 8.176 | — | — | 6.442 | 8.333 | — | — |
| 9月10日 | 23.834 | 20.915 | 5.523 | 5.971 | — | — | 9.738 | 16.999 | — | — |

由表 7-24 可知，随着收获期的延长，中华隐子草体内挥发性物质共有 10 类，分别为烯烃类、醇类、酯类、酮类、烷烃类、醛类、酚类、苯类、萘类和酸类，且含量呈不同变化趋势。中华隐子草体内挥发物质主要以烯烃类、醇类和酮类为主。

# 第七节 不同收获期冰草挥发性物质分析

## 一、8月1日冰草挥发性物质分析

8月1日冰草挥发性物质总离子图如图 7-21 所示。8月1日冰草挥发性物质共检测出 157 种。

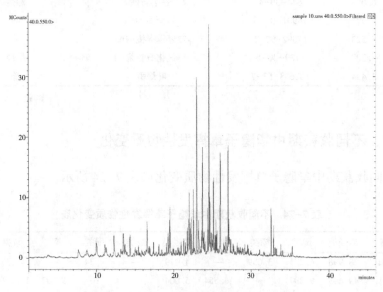

图 7-21 8月1日冰草挥发性物质分布图

表7-25 8月1日冰草挥发性物质分析表

| 序号 | 占比（%） | CAS号 | 挥发性物质 | 所属类别 |
|---|---|---|---|---|
| 1 | 13.898 | 23986-74-5 | 雪松烯 | 烯烃 |
| 2 | 13.750 | 87-44-5 | 1-石竹烯 | 烯烃 |
| 3 | 7.772 | 18794-84-8 | （E）-β-金合欢烯 | 烯烃 |
| 4 | 6.652 | 17092-92-1 | 二氢猕猴桃内酯 | 酯 |
| 5 | 6.301 | 77171-55-2 | 桉油烯醇 | 醇 |
| 6 | 4.527 | 5208-59-3 | β-波旁烯 | 烯烃 |
| 7 | 4.294 | 93-15-2 | 甲基丁香酚 | 酚 |
| 8 | 3.886 | 5208-59-3 | α-姜黄烯 | 烯烃 |
| 9 | 3.626 | 629-50-5 | 正十三烷 | 烷烃 |
| 10 | 3.607 | 502-69-2 | 植酮 | 酮 |

由表7-25可知，8月1日冰草挥发性物质含量置于3.607%~13.898%，挥发性物质最高的为雪松烯，百分比含量为13.898%，含量最低的为植酮，百分比含量为3.607%。醇类物质有1种，为桉油烯醇，百分比含量为6.301%；酚类物质有1种，为甲基丁香酚，百分比含量为4.294%。酯类物质有1种，为二氢猕猴桃内酯，百分比含量为6.652%。烯烃类物质有5种，分别为雪松烯、1-石竹烯、（E）-β-金合欢烯、β-波旁烯和α-姜黄烯；百分比含量共占39.947%；酮类物质有1种，为植酮，百分比含量为3.607%；烷烃类物质有1种，为正十三烷，含量为3.626%。

## 二、8月10日冰草挥发性物质分析

8月10日冰草挥发性物质总离子图如图7-22所示。8月10日冰草挥发性物质共检测出121种。

由表7-26可知，8月10日冰草挥发性物质含量置于3.052%~13.009%，挥发性物质最高的为雪松烯，百分比含量为13.009%，含量最低的为植酮，百分比含量为3.052%。酯类物质有1种，为二氢猕猴桃内酯，百分比含量为10.397%。烯烃类物质有6种，分别为雪松烯、1-石竹烯、β-波旁烯、α-姜黄烯、α-柏木烯和（E）-β-金合欢烯，百分比含量为

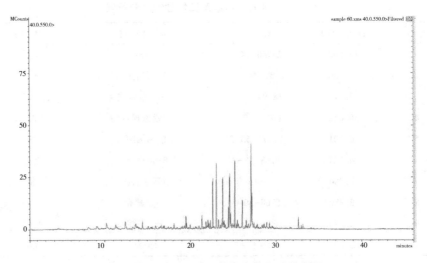

**图7-22 8月10日冰草挥发性物质分布图**

49.629%。酮类物质有1种，为植酮，百分比含量为3.052%；苯类物质有1种，为联苯，百分比含量为8.512%。

**表7-26 8月10日冰草挥发性物质分析表**

| 序号 | 占比（%） | CAS号 | 挥发性物质 | 所属类别 |
|---|---|---|---|---|
| 1 | 13.009 | 23986-74-5 | 雪松烯 | 烯烃 |
| 2 | 10.423 | 87-44-5 | 1-石竹烯 | 烯烃 |
| 3 | 10.397 | 17092-92-1 | 二氢猕猴桃内酯 | 酯 |
| 4 | 8.512 | 92-52-4 | 联苯 | 苯 |
| 5 | 6.959 | 11028-42-5 | β-波旁烯 | 烯烃 |
| 6 | 6.707 | 5208-59-3 | α-姜黄烯 | 烯烃 |
| 7 | 6.621 | 1461-03-6 | α-柏木烯 | 烯烃 |
| 8 | 5.910 | 18794-84-8 | 反式-β-金合欢烯 | 烯烃 |
| 9 | 4.149 | 629-50-5 | 正十三烷 | 烷烃 |
| 10 | 3.052 | 502-69-2 | 植酮 | 酮 |

### 三、8月20日冰草挥发性物质分析

8月20日冰草挥发性物质总离子图如图7-23所示。8月20日冰草挥发性物质共检测出140种。

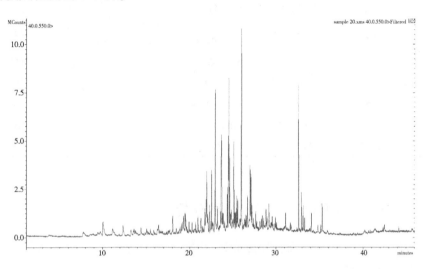

**图7-23　8月20日冰草挥发性物质分布图**

由表7-27可知，8月20日冰草挥发性物质含量置于4.267%~18.150%，挥发性物质最高的为二氢猕猴桃内酯，百分比含量为18.150%，含量最低的为2-乙烯基萘，百分比含量为4.267%。酯类物质有1种，为二氢猕猴桃内酯，百分比含量为18.150%。烯烃类物质有3种，分别为反式-β-金合欢烯、α-姜黄烯和1-石竹烯，百分比含量共占24.4%。酮类物质有4种，分别为β-紫罗兰酮、4-[2，2，6-三甲基-7-氧杂二环[4.1.0]庚-1-基]-3-丁烯-2-酮、香叶基丙酮和植酮，百分比含量共占28.759%；萘类物质有1种，为2-乙烯基萘，百分比含量为4.267%；醇类物质有1种，为桉油烯醇，百分比含量为10.700%。

**表7-27　8月20日冰草挥发性物质分析表**

| 序号 | 占比（%） | CAS号 | 挥发性物质 | 所属类别 |
|------|----------|---------|-----------|----------|
| 1 | 18.150 | 17092-92-1 | 二氢猕猴桃内酯 | 酯 |

（续表）

| 序号 | 占比（%） | CAS 号 | 挥发性物质 | 所属类别 |
|---|---|---|---|---|
| 2 | 11.309 | 18794-84-8 | 反式-β-金合欢烯 | 烯烃 |
| 3 | 10.837 | 14901-07-6 | β-紫罗兰酮 | 酮 |
| 4 | 10.700 | 77171-55-2 | 桉油烯醇 | 醇 |
| 5 | 6.935 | 23267-57-4 | 4-[2,2,6-三甲基-7-氧杂二环[4.1.0]庚-1-基]-3-丁烯-2-酮 | 酮 |
| 6 | 6.823 | 644-30-4 | α-姜黄烯 | 烯烃 |
| 7 | 6.286 | 87-44-5 | 1-石竹烯 | 烯烃 |
| 8 | 5.586 | 3796-70-1 | 香叶基丙酮 | 酮 |
| 9 | 5.401 | 502-69-2 | 植酮 | 酮 |
| 10 | 4.267 | 827-54-3 | 2-乙烯基萘 | 萘 |

## 四、8 月 30 日冰草挥发性物质分析

8 月 30 日冰草挥发性物质分布图如图 7-24 所示。8 月 30 日冰草挥发性物质共检测出 121 种。

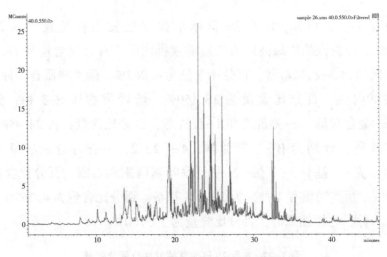

**图 7-24　8 月 30 日冰草挥发性物质分布图**

由表 7-28 可知，8 月 30 日冰草挥发性物质含量置于 4.174% ~

17.604%，挥发性物质最高的为α-姜黄烯，百分比含量为17.604%，含量最低的为2-乙烯基萘，百分比含量为4.174%。烯烃类物质有3种，分别为α-姜黄烯、1-石竹烯和β-波旁烯，百分比含量共占37.6%。酮类物质有4种，分别为β-紫罗兰酮、4-[2，2，6-三甲基-7-氧杂二环[4.1.0]庚-1-基]-3-丁烯-2-酮、香叶基丙酮和植酮，百分比含量共占36.762%；萘类物质有1种，为2-乙烯基萘，百分比含量为4.174%；醇类物质有1种，为桉油烯醇，百分比含量为6.387%；苯类物质有1种，为联苯，含量为6.439%。

表7-28　8月30日冰草挥发性物质分析表

| 序号 | 占比（%） | CAS号 | 挥发性物质 | 所属类别 |
|---|---|---|---|---|
| 1 | 17.604 | 644-30-4 | α-姜黄烯 | 烯烃 |
| 2 | 15.979 | 14901-07-6 | β-紫罗兰酮 | 酮 |
| 3 | 13.177 | 87-44-5 | 1-石竹烯 | 烯烃 |
| 4 | 8.174 | 3796-70-1 | 香叶基丙酮 | 酮 |
| 5 | 7.429 | 23267-57-4 | 4-[2，2，6-三甲基-7-氧杂二环[4.1.0]庚-1-基]-3-丁烯-2-酮 | 酮 |
| 6 | 6.800 | 5208-59-3 | β-波旁烯 | 烯烃 |
| 7 | 6.439 | 92-52-4 | 联苯 | 苯 |
| 8 | 6.387 | 77171-55-2 | 桉油烯醇 | 醇 |
| 9 | 5.180 | 502-69-2 | 植酮 | 酮 |
| 10 | 4.174 | 827-54-3 | 2-乙烯基萘 | 萘 |

## 五、9月10日冰草挥发性物质分析

9月10日冰草挥发性物质总离子图如图7-25所示。9月10日冰草挥发性物质共检测出126种。

由表7-29可知，9月10日冰草挥发性物质含量置于3.583%~19.635%，挥发性物质最高的为1-石竹烯，百分比含量为19.635%，含量最低的为植酮，百分比含量为3.583%。烯烃类物质有6种，分别为1-石竹烯、雪松烯、α-姜黄烯、（E）-β-金合欢烯、氧化石竹烯和β-波旁烯，百

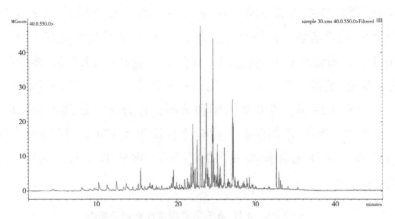

图 7-25　9 月 10 日冰草挥发性物质分布图

分比含量共占 59.5%。酮类物质有 1 种，为植酮，百分比含量为 3.583%；酚类物质有 1 种，为甲基丁香酚，百分比含量为 3.982%；醇类物质有 1 种，为桉油烯醇，百分比含量为 10.973%；苯类物质有 1 种，为联苯，含量为 5.931%。

表 7-29　9 月 10 日冰草挥发性物质分析表

| 序号 | 占比（%） | CAS 号 | 挥发性物质 | 所属类别 |
|------|-----------|---------|-------------|----------|
| 1 | 19.635 | 87-44-5 | 1-石竹烯 | 烯烃 |
| 2 | 14.487 | 23986-74-5 | 雪松烯 | 烯烃 |
| 3 | 10.973 | 77171-55-2 | 桉油烯醇 | 醇 |
| 4 | 8.697 | 644-30-4 | α-姜黄烯 | 烯烃 |
| 5 | 6.634 | 18794-84-8 | (E)-β-金合欢烯 | 烯烃 |
| 6 | 5.971 | 1139-30-6 | 氧化石竹烯 | 烯烃 |
| 7 | 5.931 | 92-52-4 | 联苯 | 苯 |
| 8 | 4.096 | 5208-59-3 | β-波旁烯 | 烯烃 |
| 9 | 3.982 | 93-15-2 | 甲基丁香酚 | 酚 |
| 10 | 3.583 | 502-69-2 | 植酮 | 酮 |

## 六、不同收获期冰草挥发性物质变化

不同收获期冰草挥发性物质变化如表7-30所示。

表7-30　不同收获期冰草挥发性物质变化表　　　　　（单位：%）

| 收获期 | 烯烃类 | 醇类 | 酯类 | 酮类 | 烷烃类 | 酚类 | 苯类 | 萘类 |
|---|---|---|---|---|---|---|---|---|
| 8月1日 | 39.94 | 6.30 | 6.65 | 3.60 | 3.62 | 4.29 | — | 3.88 |
| 8月10日 | 49.62 | — | 10.39 | 3.05 | — | — | 8.51 | — |
| 8月20日 | 24.40 | 10.7 | 18.15 | 28.75 | — | — | — | 4.26 |
| 8月30日 | 37.6 | 6.38 | — | 36.76 | — | — | 6.43 | 4.17 |
| 9月10日 | 59.5 | 10.97 | — | 3.58 | — | 3.98 | 5.93 | — |

由表7-30可知，随着收获期的延长，冰草体内挥发性物质共有8类，分别为烯烃类、醇类、酯类、酮类、烷烃类、酚类、苯类和萘类，且含量呈不同变化趋势。冰草体内挥发物质主要以烯烃类、酮类、脂类和醇类为主，其中，烯烃类总含量最高，其次为酮类、脂类。

# 第八节　典型草原牧草挥发性物质及其对收获期的响应机制

外界条件会对植物体内挥发性物质生成具有一定的影响（方昭西，2015）。袁建（2012）对不同储藏条件下小麦粉挥发性物质分析后得出，小麦粉中挥发性物质主要有烃类、醛类、酮类、醇类、有机酸及杂环类等多种成分，原样和储藏2个月样品中最高的挥发性物质是烃类和醛类，其次为醇类、酮类。陈智毅（2009）通过测定干白金针菇（*Flammulina velutipes*）中的挥发性物质后发现，干白金针菇包含5种酯类物质，4种醛类物质，烯烃、醇类、呋喃类各1种。牟青松（2014）等研究花椒挥发性物质发现，花椒中挥发性物质的相对含量和数量变化较大，且有新物质产生，相对含量变化体现在烯烃类物质含量减小，而醇、酯类物质含量增加，

主要是 β-榄香烯和 β-荜澄茄油烯的减少和橙花叔醇的增加，新产生的物质主要是柠檬烯和吉马烯-D 及桉树脑等。杨少玲（2016）发现龙须菜干品中共有 87 种挥发性物质，其中有 28 种醛类化合物，14 种酮类化合物，另有 17 种烃类，10 种醇类，5 种羧酸类，5 种酯类，8 种其他含硫、含碘及杂环化合物，以上研究说明由于植物特性不同，造成挥发性物质种类的异质性，这与本试验研究结果相似。本试验中，不同种类天然牧草单种草的挥发性物质不同，针茅、羊草、达乌里胡枝子、中华隐子草和冰草共有挥发性物质为烯烃类、酮类、酯类、醇类和烷烃，其他挥发性物质为醛类、酚类和苯类等，烯烃类物质在 5 种牧草中含量最高。在针茅、达乌里胡枝子、中华隐子草和冰草中检测出醛类物质，醛类物质主要来源于脂肪氧化，因为醛类物质阈值较低，具有较为明显的气味特征，是植物特征性风味的主要影响因素之一（相倩，2011）。本试验中针茅、达乌里胡枝子、中华隐子草和冰草中醛类物质分别为 6.98%、4.064%、10.241% 和 8.276%，出现的时间不持续，且醛类的相对百分含量较少，说明醛类物质对针茅、达乌里胡枝子、中华隐子草和冰草刺激性气味形成贡献率较低。龙须菜具有特殊性气味，通过检测得出，龙须菜中相对百分含量排在前十位中有 9 种为醛类，只有一种为酮类，可见醛类对龙须菜的风味形成具有极为重要的影响。醛类化合物往往带有浓烈的刺激性气味，刺激性气味随着碳链的增加而逐渐减弱，例如，5~9 个碳原子组成的碳链往往具备清香、油香和脂香的气味，10~12 个碳原子组成的碳链则具备橘子皮的气味，但 15 个及以上的碳原子组成的碳链阈值较高，气味较弱。香味往往存在于不饱和醛中，烯醛和二烯醛物质等不饱和醛是鸡肉脂肪在熏烤之后产生特殊性气味的来源（王春青，2015）。

酮类物质是脂肪发生氧化反应之后的主要产物之一，也是风味化合物中重要的羰基成分，酮类化合物往往具有清香的气味，本研究在羊草等牧草中检测到的 β-紫罗兰酮、香叶基丙酮和法尼基丙酮等酮类物质，均对羊草清香气味形成起到重要的作用，β-紫罗兰酮在室温下具有特殊香气（张亚，2017），香叶基丙酮也往往用于茶叶的制作工艺中（苗爱清，2010），法尼基丙酮往往应用于美酒的制作工艺（张默雷，2019）。从羊草等牧草中检测到这些酮类物质，尽管阈值较低，但对羊草等牧草挥发性气味的形成具有一定贡献。在羊草等牧草中检测到的含酸类物质量较少，只有棕榈酸、油酸和落叶松蕈酸3种酸类物质，其中，棕榈酸具有酸奶香味，油酸和硬脂酸混合在一起往往具有油脂气味，落叶松蕈酸是中药有效成分，以上物质对牧草的挥发性气味也有一定的影响，但对牧草特殊性气味形成贡献率大小还需进一步研究分析。不同收获期羊草、针茅、达乌里胡枝子、中华隐子草和冰草的挥发性物质含量不同。羊草、针茅和达乌里胡枝子中以烃类、酮类和酯类三种挥发性物质为主，随着生育期的延续，羊草中烃类物质呈先降低后增加的变化趋势。针茅中烃类呈先降低后升高的变化趋势，达乌里胡枝子中烃类呈逐渐升高的变化趋势。达乌里胡枝子中以烃类、酮类和醇类为主，烃类物质呈先升高后降低再升高再降低的波形变化趋势。冰草中以烃类、酯类和醇类为主，烃类物质呈先升高后降低再升高的变化趋势。不同收获期的5种牧草体内烃类物质含量和变化规律不同，一般地说，常温下碳原子数为16以上的正烷烃为固态，直链烷烃与具有相等碳原子数的支链烷烃相比，具有更高的沸点，随着生育期的延迟，牧草烃类物质碳数 C<16 的烃种类减少，而 C≥16 的烃种类增加，增加的多为支链烃。尽管烃类物质总相对含量较高，但烃类物质对特殊性气味贡献不大（张丽君，2013）。本试验中羊草等牧草中烃类物质含量较低，总体上对羊草等牧草的特殊性气味贡献较小。烯烃和炔烃等不饱和烃类由于自身的易氧化性，往往容易被氧化，生成酮类和醛类等对牧草挥发性物质贡献较高的前体物质，且含支链的烷烃往往具有一定的香气。因此，烷烃类物质对牧草的特殊性气味也具有一定的贡献。在羊草、针茅和达乌里胡枝子等牧草中均检测到烯烃类物质，其中，α-姜黄烯、1-石竹烯和（E）-β-金合欢烯等均为萜烯类化合物，萜烯类化合物是植物通过一定的代谢途径产生的次级代谢产物，在生物学上具有重要作用（邵晨阳，2017）。

优质干草气味较为清香，且香味多为醇类芳香。牧草中的醇类物质含量较低，对牧草的挥发性物质的贡献值较小。醇类物质的阈值比醛类和酮类化合物低，对牧草特殊性气味贡献较小，但醇类物质含有青草香气和新茶叶气息，若醇类物质以高浓度或者不饱和的形式存在时，其贡献值会变高（林炳慧，2018）。醇类物质由于酶促反应，会导致牧草中的一些香气前体物质发生氧化、降解和置换等反应，从而产生例如 α-雪松烯和 β-柏木烯类具有典型木香味的物质（韩卓潇，2016）。

目前，研究人员主要通过营养物质含量多少来评定牧草营养等级，而不同收获期牧草中营养物质含量也不同，营养物质生成的相关生理生化反应主要发生在牧草体内，在此过程中，会伴有挥发性物质生成，说明挥发性物质与营养物质的生成具有一定的相关性，但对挥发性物质与营养物质生成相关的研究还鲜有报道。本研究通过对不同种类牧草中挥发性物质进行定量分析，证明不同收获期牧草体内挥发性物质种类和含量不同，下一步需要继续开展对牧草体内挥发性物质的定性研究，将牧草体内挥发性物质与营养物质生成的生理生化反应进行分析，研究出牧草体内醇类、醛类、酮类等挥发性物质与牧草营养物质的相关性，从挥发性物质种类的角度评价牧草品质。

# 参考文献

阿荣，2005. 割草与放牧对大针茅草原植物群落特征及土壤养分的影响 [D]. 呼和浩特：内蒙古农业大学.

白永飞，段淳清，许志信，等，1994. 刈割对牧草贮藏碳水化合物含量变化的影响 [J]. 内蒙古农牧学院学报（4）：48-53.

包乌云，赵萌莉，红梅，等，2015. 刈割对人工草地产量和补偿性生长的影响 [J]. 中国草地学报，37（5）：46-51.

鲍雅静，李政海，2009. 基于主成分分析的内蒙古草原刈割与放牧退化演替比较研究 [J]. 干旱区资源与环境，23（10）：159-163.

鲍雅静，李政海，仲延凯，等，2005. 不同频次刈割对羊草草原主要植物种群能量现存量的影响 [J]. 植物学通报（2）：153-162.

曹启民，张永北，王博，等，2018. 刈割和施肥对热研4号王草生物量影响初报 [J]. 广东农业科学，45（10）：50-54.

曹致中，2004. 草产品学 [M]. 北京：中国农业出版社.

陈华萍，魏育明，郑有良，2005. 四川地方小麦品种蛋白质和氨基酸间的相关研究 [J]. 麦类作物学报，25（5）：113-116.

陈智毅，刘学铭，施英，等，2009. 顶空固相微萃取气质联用分析白金针菇中的挥发性成分 [J]. 食用菌学报，16（1）：73-75.

崔浩，2017. 切根、施肥对羊草典型草原割草场植物群落的影响 [D]. 呼和浩特：内蒙古大学.

单贵莲，薛世明，郭盼，等，2012. 刈割时期和调制方法对紫花苜蓿干草质量的影响 [J]. 中国草地学报，34（3）：28-33.

党永桂，马兴赞，2018. 多年围栏封育对高寒草甸产草量的影响［J］. 青海草业，27（4）：23-25.

董臣飞，丁成龙，许能祥，等，2015. 不同生育期和凋萎时间对多花黑麦草饲用和发酵品质的影响［J］. 草业学报，24（6）：125-132.

董宽虎，2004. 山西白羊草草地生产性能、种群生态位及草地培育的研究［D］. 北京：中国农业大学.

董全中，杨兴勇，张勇，等，2006. 降水量不足对大豆产量及农艺性状影响的研究［J］. 大豆通报（3）：5-8.

董文斌，马玉寿，张德罡，2009. 改良措施对退耕还草高寒人工草地群落组成及生产力的影响［D］. 兰州：甘肃农业大学.

都帅，尤思涵，贾玉山，2016. 不同刈割时期与刈割高度对苜蓿品质的影响［J］. 草地学报，24（4）：874-878.

杜高唐，2010. 苏丹草刈割周期对产草量的影响［J］. 山东畜牧兽医，31（6）：7-8.

段淳清，2006. 内蒙古草地资源现状及其可持续利用对策［J］. 内蒙古草业，18（3）：21-25.

范文强，2018. 基于蛋白质组学和代谢组学分析苜蓿营养品质变化机制［D］. 呼和浩特：内蒙古农业大学.

范月君，侯向阳，2016. 围栏与放牧对高山嵩草草甸植物个体形态特征的影响［J］. 黑龙江畜牧兽医（15）：117-119.

方昭西，2015. 加工及储存条件对亚麻油关键性风味物质及氧化稳定性影响的研究［D］. 广州：华南理工大学.

丰骁，2009. 天祝金强河地区不同退化草地基况及评价研究［D］. 兰州：甘肃农业大学.

冯骁骋，2014. 天然草地牧草青贮机理及品质调控研究［D］. 呼和浩特：内蒙古农业大学.

付鹏程，李荣涛，谢刚，等，2004. 稻谷真菌毒素污染调查与分析［J］. 粮食储藏（4）：49-51.

高彩霞，王培，1997. 收获期和干燥方法对苜蓿干草质量的影响［J］. 草地学报（2）：113-116.

高丽欣，2015. 施氮水平与收获时间及刈割次数对盐碱地柳枝稷能源价值的影响［D］. 长春：吉林农业大学.

高永恒，陈槐，吴宁，等，2009. 刈割对四川嵩草高寒草甸植物生物量和氮含量的影响［J］. 中国农学通报，25（12）：215-218.

郭安琪，周瑞莲，宋玉，等，2018. 刈割后黑麦草生理保护作用对其补偿性生长的影响［J］. 生态学报，38（10）：3495-3503.

郭龙，2016. 亮氨酸和苯丙氨酸调控体外培养奶牛胰腺组织蛋白质合成的分子机制［A］. 中国畜牧兽医学会动物营养学分会. 中国畜牧兽医学会动物营养学分会第十二次动物营养学术研讨会论文集［C］. 中国畜牧兽医学会动物营养学分会：中国畜牧兽医学会.

郭明英，卫智军，吴艳玲，等，2018. 贝加尔针茅草原植物多样性与地上生物量及其关系对刈割的响应［J］. 草地学报，26（6）：1516-1519.

郭伟，潘星极，邓巍，等，2011. 刈割对稗草生物量生殖分配及生长特性的影响［J］. 西南农业学报，24（2）：575-578.

郭宇，2017. 不同刈割制度对谢尔塔拉草原羊草群落特征及水分利用的影响［D］. 呼和浩特：内蒙古大学.

海花，朱言坤，赵霞，等，2016. 中国草地资源的现状分析［J］. 科学通报（2）：139-154.

韩龙，郭彦军，韩建国，等，2010. 不同刈割强度下羊草草甸草原生物量与植物群落多样性研究［J］. 草业学报，19（3）：70-75.

韩正洲，杨勇，贾红梅，等，2017. 基于植物代谢组学的栽培型与野生型野菊花的化学成分比较及定量分析［J］. 药物分析杂志（7）：1196-1206.

韩卓潇，2016. 茶树新品系"白桑茶"特征性香气物质、儿茶素及咖啡因在加工过程中的变化［D］. 合肥：安徽农业大学.

洪英华，谷风林，蔡莹莹，等，2018. 香草兰豆荚发酵过程中挥发性成
　　分的变化 [J]. 食品工业科技，39（24）：253-259，265.

侯洁琼，2018. 刈割对不同建植模式下牧草产量和鸭茅锈病的影响 [A]. 中国
　　草原学会 . 2018 中国草学会年会论文集 [C]. 中国草学会：中国草学会 .

侯美玲，2017. 草甸草原天然牧草青贮乳酸菌筛选及品质调控研究
　　[D]. 呼和浩特：内蒙古农业大学 .

侯美玲，刘庭玉，孙林，等，2016. 华北地区紫花苜蓿适宜刈割物候期
　　及留茬高度的研究 [J]. 草原与草业，28（2）：43-51.

侯贤清，牛有文，吴文利，等，2018. 不同降雨年型下种植密度对旱作
　　马铃薯生长、水分利用效率及产量的影响 [J]. 作物学报，44
　　（10）：1560-1569.

胡然，2018. 灵香草挥发性成分 HS-SPME-GC/MS 分析 [J]. 山东化
　　工，47（17）：94-98.

黄亚伟，徐晋，王若兰，等，2016. HS-SPME/GC-MS 对五常大米中挥
　　发性成分分析 [J]. 食品工业，37（4）：266-269.

贾岩，张福生，肖淑贤，等，2017. 款冬花不同发育阶段的代谢组学和
　　比较转录组学分析 [J]. 中国生物化学与分子生物学报，33（6）：
　　615-623.

贾玉山，格根图，2013. 中国北方草产品 [M]. 北京：科学出版社 .

贾玉山，孙磊，格根图，等，2015. 苜蓿收获期研究现状 [J]. 中国草
　　地学报，37（6）：91-96.

姜佰文，李静，陈睿，等，2018. 降雨年型变化及竞争对反枝苋和大豆
　　生长的影响 [J]. 生物多样性，26（11）：1158-1167.

焦德志，王乐园，荣子，2017. 不同降雨格局对玉米幼苗生长的影响
　　[J]. 高师理科学刊，37（5）：57-61.

金花，2001. 正蓝旗沙化草地草业生产结构调整模式的研究 [D]. 呼和
　　浩特：内蒙古农业大学 .

景媛媛，鱼小军，徐长林，等，2014. 刈割次数对天祝高寒草甸醉马草

的影响［J］. 草原与草坪, 34 (4)：47-51.

邝肖, 季婧, 梁文学, 等, 2018. 北方寒区紫花苜蓿/无芒雀麦混播比例和刈割时期对青贮品质的影响［J］. 草业学报, 27 (12)：187-198.

李德明, 2010. 刈割频率对皇竹草产量及光合生理生态的影响［D］. 兰州：甘肃农业大学.

李福厚, 2017. 高寒草甸天然牧草和栽培草地燕麦对藏绵羊消化代谢的影响［D］. 兰州：兰州大学.

李富春, 王琦, 张登奎, 等, 2018. 坡地打结垄沟集雨对水土流失、紫花苜蓿干草产量和水分利用效率的影响［J］. 水土保持学报, 32 (1)：147-156, 161.

李红, 党晨阳, 张金荣, 等, 2018. 三种马尾藻不同部位挥发性成分的比较分析［J］. 食品工业科技, 39 (24)：281-288, 293.

李江文, 李治国, 王瑞珍, 等, 2016. 草甸草原常见天然牧草营养元素差异性分析［J］. 中国草地学报, 38 (6)：66-70.

李倩, 2018. 水分对大花萱草生理特性的影响［J］. 分子植物育种, 16 (21)：7219-7224.

李青云, 1995. 四种牧草最佳收获期的研究［J］. 青海畜牧兽医杂志 (3)：23-25.

李小冬, 王小利, 王茜, 等, 2016. 干旱胁迫下高羊茅叶片的代谢组学分析［J］. 中国草地学报, 38 (5)：59-65.

李小娟, 李以康, 2017. 青藏高原高寒草甸退化对矮嵩草有关生理特性的影响［J］. 西北植物学报, 37 (8)：1577-1585.

李新乐, 侯向阳, 穆怀彬, 2013. 不同降水年型灌溉模式对苜蓿草产量及土壤水分动态的影响［J］. 中国草地学报, 35 (5)：46-52.

廉明, 吕世懂, 贺宜龙, 等, 2014. 茶叶挥发性成分功效的研究进展［J］. 光谱实验室, 31 (3)：392-397.

梁建勇, 焦婷, 吴建平, 等, 2015. 不同类型草地牧草消化率季节动态与营养品质的关系研究 [J]. 草业学报, 24 (6)：108-115.

林炳慧, 2018. 三种金花茶叶挥发性成分及东兴金花茶叶化学成分研究 [D]. 南宁：广西大学.

刘长娥, 2006. 天山北坡草地植物生育节律与草地合理利用模式的研究 [D]. 乌鲁木齐：新疆农业大学.

刘桂霞, 2010. 降水量变化和放牧干扰对地木耳生长速度的影响 [C] //中国草学会. 中国草学会青年工作委员会学术研讨会论文集 (下册). 中国草学会.

刘华臣, 2016. 炒甘草浸膏挥发性成分分析 [J]. 香料香精化妆品 (4)：9-10, 16.

刘加文, 2018. 大力开展草原生态修复 [J]. 草地学报, 26 (5)：1052-1055.

刘金定, 2017. 新疆哈密市草地资源利用现状分析 [J]. 草食家畜, 183 (2)：60-64.

刘娟, 2017. 划区轮牧与草地可持续性利用的研究进展 [J]. 草业学报, 25 (1)：17-25.

刘立山, 郎侠, 周瑞, 等, 2019. 模拟降雨和风干对玉米青贮营养品质及有氧暴露期微生物数量的影响 [J]. 中国饲料 (3)：18-22.

刘美玲, 宝音陶格涛, 杨持, 等, 2007. 不同轮割制度对内蒙古大针茅草原群落组成的影响 [J]. 北京师范大学学报 (自然科学版) (1)：83-87.

刘思禹, 2018. 不同留茬高度对柠条锦鸡儿生理生态特性影响的研究 [D]. 呼和浩特：内蒙古农业大学.

刘太宇, 郑立, 李梦云, 等, 2013. 紫羊茅不同生长阶段营养成分及其瘤胃降解动态研究 [J]. 西北农林科技大学学报 (自然科学版), 41 (9)：33-37.

刘兴波, 2007. 不同退化梯度草甸草原和典型草原牧草营养时空异质性的研究 [D]. 呼和浩特：内蒙古农业大学.

刘兴波，2015. 天然牧草养分对草地利用强度与加工方式的响应［D］. 呼和浩特：内蒙古农业大学.

刘燕，2014. 收获技术对紫花苜蓿干草品质的影响［D］. 呼和浩特：内蒙古农业大学.

刘燕，2014. 紫花苜蓿刈割和晾晒技术研究［J］. 草地学报，22（2）：404-408.

刘洋，黄涛，张鹤山，等，2008. 我国牧草种质资源多样性的保护及利用［J］. 湖北畜牧兽医（3）：34-36.

刘忆轩，李多才，侯扶江，2019. 甘肃马鹿春秋季放牧对高寒草原土壤理化性质的影响［J］. 草业科学，36（2）：273-283.

刘宇晨，2018. 草原生态补偿标准设定、优化及保障机制研究［D］. 呼和浩特：内蒙古农业大学.

卢强，成启明，贾玉山，等，2017. 不同刈割留茬高度对苜蓿产量及品质的影响［J］. 草原与草业，29（2）：39-43.

罗晟昇，何洪良，唐利球，等，2018. 温度和降水量对甘蔗生长影响的初步研究［J］. 中国糖料，40（1）：13-15.

马焕香，武文安，张昊，2017. 浅谈大风降雨对滨州小麦生长的影响［J］. 农业与技术，37（24）：219-220.

马良，张乃建，王若兰，2015. 玉米窝头挥发性成分分析［J］. 粮食与油脂（8）：42-44.

孟凯，闫士元，米福贵，2018. 刈割次数对种植当年草原3号杂花苜蓿生长特性、产量及品质的影响［J］. 畜牧与饲料科学，39（11）：44-48，54.

苗爱清，2010. 乌龙茶香气的 HS-SPME-GC-MS/GC-O 研究［J］. 茶叶科学，30（S1）：583-587.

牟青松，2014. 顶空固相微萃取-气质联用分析花椒储存中挥发物的变化［J］. 中国调味品（4）：59-61.

娜日苏，梁庆伟，杨秀芳，等，2018. 刈割对羊草草甸草原生物量及牧

草品质的影响 [J]. 畜牧与饲料科学, 39 (11)：38-43.

牛豪阁, 2018. 祁连山东部三种针叶树径向生长动态对气候的响应 [D]. 兰州：兰州大学.

秦彧, 2013. 气候变化和人类活动对祁连山多年冻土区高寒草地的影响研究 [D]. 北京：中国科学院大学.

屈兴乐, 方江平, 2019. 围栏封育对退化灌丛草地群落土壤特性和植被的影响 [J]. 北方园艺 (3)：109-115.

任继周, 侯扶江, 2004. 草地资源管理的几项原则 [J]. 草地学报, 12 (4)：261-272.

邵晨阳, 2017. 不同种类茶叶中挥发性萜类化合物对映异构体研究 [D]. 北京：中国农业科学院.

邵新庆, 刘月华, 刘庭玉, 等, 2014. 不同刈割期天然牧草青贮品质评价 [J]. 草原与草坪, 34 (4)：8-12.

沈海花, 2016. 中国草地资源的现状分析 [J]. 科学通报, 61 (2)：139-154.

舒佳礼, 2014. 黄土丘陵区天然草地群落降雨再分配特征及优势种响应 [D]. 咸阳：西北农林科技大学.

宋书红, 杨云贵, 张晓娜, 等, 2017. 不同刈割时期对紫花苜蓿和红豆草产量及营养价值的影响 [J]. 家畜生态学报, 38 (2)：44-51.

苏日娜, 俎佳星, 李俊清, 等, 2017. 内蒙古草地生产力及载畜量变化分析 [J]. 生态环境学报 (4)：605-612.

苏晓菲, 2018. 有机肥施量和刈割次数对紫花苜蓿产量和品质的影响 [J]. 草学 (6)：60-64, 71.

孙万斌, 2016. 不同生境下 20 个紫花苜蓿品种的综合评价及不同生育期营养特性的比较 [D]. 兰州：甘肃农业大学.

孙毅, 闫兴富, 周立彪, 等, 2017. 光强和刈割处理对柠条幼苗补偿生长的影响 [J]. 草业科学, 34 (1)：75-83.

塔娜, 桂荣, 魏日华, 等, 2010. 沙地恢复草场主要可食牧草营养价值

动态分析 [J]. 黑龙江畜牧兽医（科技版）(3)：86-89.

覃宗泉，2015. 刈割次数对热性草丛草地地面植被的影响 [A]. 农业部草原监理中心，2015 中国草学会 [C]. 中国草原论坛论文集. 中国草学会.

唐华俊，2016. 北方草甸退化草地治理技术与示范 [J]. 生态学报，36（22）：7034-7039.

田青松，田文坦，李婷婷，等，2017. 基于转录组分析的大针茅响应羊啃食的基因表达 [J]. 中国草地学报，39（3）：1-7.

汪诗平，万长贵，RONALD E S，2001. 不同光照质量和刈割强度对小糠草无性繁殖特性的影响 [J]. 应用生态学报（2）：245-248.

王常慧，杨建强，王永新，等，2004. 不同收获期及不同干燥方法对苜蓿草粉营养成分的影响 [J]. 动物营养学报（2）：60-64.

王春青，李学科，张春晖，等，2015. 不同品种鸡肉蒸煮挥发性风味成分比较研究 [J]. 现代食品科技，31（1）：208-215.

王丹，2014. 全区掀起学习贯彻习近平总书记考察内蒙古重要讲话精神的热潮 [J]. 内蒙古宣传思想文化工作（2）：17-20.

王德平，陈万杰，赵萌莉，等，2019. 刈割对大针茅草原产量和牧草营养品质的影响 [J]. 中国草地学报，41（1）：89-93.

王红梅，陶雅，孙启忠，等，2014. 呼伦贝尔草原六种牧草青贮特性研究 [J]. 中国草地学报，36（1）：58-63.

王辉珠，1985. 确定多年生牧草种子田的最佳收获期 [J]. 草原与牧草（5）：23-26.

王坤龙，宋彦君，史树生，等，2016. 留茬高度对苜蓿再生干草质量及返青率的影响 [J]. 黑龙江畜牧兽医（23）：124-126，129.

王兰英，杨耀，2018. 围栏封育对甘南高原高寒草地植被群落特征的影响 [J]. 中兽医医药杂志，37（2）：45-47.

王丽华，付秀琴，王金牛，等，2015. 不同光环境下刈割对黑麦草补偿性生长及叶片氮含量的影响 [J]. 应用与环境生物学报，21（2）：287-294.

王丽学，冯婧，马强，等，2018. 不同刈割时期和留茬高度紫花苜蓿品质动态研究［J］. 中国饲料（3）：40-44.

王顺利，金铭，张学龙，等，2014. 不同封育条件下天然草地生物量对比研究［J］. 中南林业科技大学学报，34（12）：130-135.

王伟，2015. 刈割技术对紫花苜蓿根系及干草品质的影响［D］. 呼和浩特：内蒙古农业大学.

王伟，格根图，贾玉山，等，2018. 呼伦贝尔草原天然牧草最适收获期研究［J］. 中国草地学报，40（2）：54-58.

王伟，贾玉山，格根图，等，2018. 苜蓿不同留茬高度对低温胁迫的响应及抗寒能力评价［J］. 畜牧兽医学报，49（2）：338-347.

王晓光，乌云娜，霍光伟，等，2018. 放牧对呼伦贝尔典型草原植物生物量分配及土壤养分含量的影响［J］. 中国沙漠，38（6）：1230-1236.

王颖，2015. 模拟降雨条件下退化草原不同植被配置产流产沙特性研究［D］. 呼和浩特：内蒙古农业大学.

王云霞，2010. 内蒙古草地资源退化及其影响因素的实证研究［D］. 呼和浩特：内蒙古农业大学.

尉小霞，2018. 鸭茅优势种草地营养物质动态及绵羊体外消化率的研究［D］. 石河子：石河子大学.

乌哲斯古楞，2013. 刈割对大针茅（*Stipa grandis*）光合特征及群落水分利用的影响［D］. 呼和浩特：内蒙古大学.

吴克顺，2010. 荒漠植物霸王根系提水研究［D］. 兰州：兰州大学.

锡林图雅，徐柱，郑阳，2008. 放牧对草地植物群落的影响［J］. 草业与畜牧（10）：1-5，22.

相倩，2011. 德州扒鸡品质相关挥发性成分的鉴定及保鲜技术研究［D］. 泰安：山东农业大学.

邢虎成，谭松林，张英，等，2018. 刈割时期和留茬高度对大麦鲜草产量及饲用品质的影响［J］. 中国农学通报，34（31）：1-4.

徐慧敏，白天晓，安娜，等，2016. 不同刈割制度对典型草原羊草功能性状的影响 [J]. 中国草地学报，38（6）：60-65.

许玉凤，王鹤，吕林有，等，2017. 赤峰草原主要分布区物种组成及多样性 [J]. 湖北农业科学，56（11）：2031-2036.

薛树媛，李九月，金海，等，2011. 荒漠地区几种牧草和灌木中营养成分含量的动态变化 [J]. 饲料工业，32（1）：44-47.

薛艳林，2014. 典型草原主要植物及群落青贮特性 [D]. 北京：中国农业科学院.

闫春娟，宋书宏，王文斌，等，2018. 不同耐旱型大豆根系生理生化特性对不同降雨气候条件的响应 [J]. 江苏农业科学，46（13）：51-54.

阎旭东，2018-05-24. 降雨低温对牧草和水产的影响及建议 [N]. 河北农民报（003）.

颜增霞，张鹏莉，吕杰，等，2011. 青海湟源冷、暖季放牧草地群落结构特征研究 [J]. 西北农林科技大学学报（自然科学版），39（8）：39-44，50.

羊青，王建荣，王清隆，等，2015. 茴芋鲜叶挥发油成分及抑菌活性研究 [J]. 中华中医药学刊（11）：2631-2633.

杨灿鑫，吴耀文，刘文胜，2018. 施肥、刈割对短尖苔草生理生化特征的影响 [J]. 广东农业科学，45（9）：61-65.

杨晶晶，吐尔逊娜依·热依木，张青青，等，2018. 放牧强度对伊犁绢蒿荒漠草地植物群落特征的影响 [J]. 新疆农业科学，55（8）：1542-1550.

杨少玲，于刚，戚勃，等，2016. 顶空固相微萃取法分析龙须菜干品中的挥发性成分 [J]. 南方水产科学，12（6）：115-122.

杨树晶，唐祯勇，赵磊，等，2019. 放牧强度对川西北高寒草甸土壤理化性质的影响 [J]. 草学（1）：57-61.

杨文秀，赵维峰，邓大华，等，2013. 云南香茅草挥发性成分分析

[J]. 亚热带农业研究, 9 (1)：55-57.

杨雅婷, 2010. 收获期对两种牧草农艺性状和营养品质的动态研究 [D]. 长沙：湖南农业大学.

姚鸿云, 李小雁, 郭娜, 等, 2019. 多年放牧对不同类型草原植被及土壤碳同位素的影响 [J]. 应用生态学报, 30 (2)：553-562.

尹强, 2013. 苜蓿干草调制贮藏技术时空异质性研究 [D]. 呼和浩特：内蒙古农业大学.

于丰源, 康静, 韩国栋, 等, 2018. 放牧强度对草甸草原植物群落特征的影响 [J]. 草原与草业, 30 (2)：31-37.

于辉, 负静, 张青青, 等, 2015. 不同刈割次数对奇台苏丹草营养水平的影响 [J]. 饲料研究 (13)：1-3.

袁建, 付强, 高踽珑, 等, 2012. 顶空固相微萃取-气质联用分析不同储藏条件下小麦粉挥发性成分变化 [J]. 中国粮油学报, 27 (4)：106-109.

云锦凤, 米福贵, 高卫华, 1989. 冰草属牧草产量及营养物质含量动态的研究 [J]. 中国草地 (6)：28-31.

张娇娇, 刘培培, 丁路明, 等, 2017. 施肥和刈割对高寒天然草场牧草产量及营养品质的影响 [J]. 草地学报, 25 (4)：885-887.

张靖乾, 张卫国, 江小雷, 2008. 刈割频次对高寒草甸群落特征和初级生产力的影响 [J]. 草地学报 (5)：491-496.

张丽君, 许柏球, 王金林, 等, 2013. HS-SPME-GC-MS 分析螺旋藻挥发性成分 [J]. 食品研究与开发, 34 (9)：72-74.

张丽英, 2003. 饲料分析及饲料质量检测技术 [M]. 第2版. 北京：中国农业大学出版社.

张默雷, 王晓闻, 2019. 顶空固相微萃取与液液萃取竹叶青露酒中挥发性物质成分的比较 [J]. 食品研究与开发, 40 (7)：156-162.

张晴晴, 梁庆伟, 娜日苏, 等, 2018. 刈割对天然草地影响的研究进展 [J]. 畜牧与饲料科学, 39 (1)：33-42.

张文洁，董臣飞，丁成龙，等，2016. 收获期对多花黑麦草营养成分和青贮品质的影响 [J]. 中国草地学报，38（5）：32-37.

张鲜花，穆肖芸，董乙强，等，2014. 刈割次数对不同混播组合草地产量及营养品质的影响 [J]. 新疆农业科学，51（5）：951-956.

张晓佩，高承芳，刘远，等，2014. 刈割高度对多花黑麦草新品种产量和品质的影响 [J]. 热带作物学报，35（9）：1695-1698.

张亚，李卫芳，肖斌，2017. 25 个湖南、陕西茯砖茶样品挥发性成分的 HS-SPME-GC-MS 分析 [J]. 西北农林科技大学学报（自然科学版），45（2）：151-160.

张玉荣，梁彦伟，刘敬婉，等，2018. 高温高湿储藏条件对粳稻淀粉微观结构及挥发性物质的影响 [J]. 河南工业大学学报（自然科学版），39（6）：8-15，35.

张云，勒瑞芳，巩晓兰，等，2008. 施肥刈割对高寒草甸生产力的影响 [J]. 草业与畜牧（3）：6-9.

赵萌莉，2000. 内蒙古草地资源合理利用与草地畜牧业持续发展 [J]. 资源科学（1）：74-79.

赵燕梅，张吉明，许庆方，等，2015. 不同紫花苜蓿品种、添加剂、刈割时期对其青贮质量的影响 [J]. 草地学报，23（5）：1057-1063.

郑文，王诗盛，钟艺，等，2017. 基于代谢组学技术的虫草鉴别研究 [J]. 中国现代应用药学，34（8）：1145-1149.

仲延凯，包青海，孙维，1995. 白音锡勒牧场地区天然割草地干、鲜地上生物量研究 I 不同时期刈割群落与种群干、鲜地上生物量的比值 [J]. 内蒙古大学学报（自然科学版）（6）：723-729.

周国安，陈代文，2011. 动物营养学 [M]. 北京：中国农业出版社.

周洋洋，徐长林，潘涛涛，等，2018. 模拟牦牛和藏羊践踏与降水对矮生嵩草根系营养物质含量的影响 [J]. 中国草地学报，40（5）：93-101.

周意，卢金清，陈尊岱，等，2018. 金钱草和广金钱草挥发性成分分析

[J]. 中国现代中药, 20 (12)：1499-1503.

祖日古丽·友力瓦斯, 董志国, 张博, 2016. 新疆野生牧草种质资源的利用与开发 [J]. 农业开发与装备 (4)：44.

SARWATT S V, 1990. 青贮牧草三个生长期的营养价值 [J]. 内蒙古畜牧科学 (1)：17.

Лерелраво Н И, 李强, 1995. 白三叶草种子收获期 [J]. 草原与牧草 (1)：41-43.

AHARONI A, CH RDV, VERHOEVEN H A, et al., 2002. Nontargeted metabolome analysis by use of Fourier Transform Ion Cyclotron Mass Spectrometry [J]. Omics-A Journal of Integrative Biology, 6 (3)：217-234.

BENDER A E, 1960. The correlation of the amino-acid composition of protein with their nutritve value [J]. Clinica Chimica Acta, 5 (1)：1-5.

BOWNE J B, ERWIN T A, JUTTNER J, et al., 2012. Drought Responses of Leaf Tissues from Wheat Cultivars of Differing Drought Tolerance at the Metabolite Level [J]. Molecular Biology, 5 (2)：418-429.

BRUCE A, 1995. Alfalfa Analyst：Revised Edition Published by Cooperative Extension [M]. Lincoln：Institute of Agriculture and Natural Resources, University of Nebraska-Lincoln.

BROWN R H, R E SIMMONS, 1979. Photo synithesis of grass species differing in fixation pathways I：water-use efficiency [J]. Crop Science, 4：375-379.

CARRARI F, BAXTER C, USADEL B, et al., 2006. Integrated analysis of metabolite and transcript levels reveals the metabolic shifts that underlie tomato fruit development and highlight regulatory aspects of metabolic network behavior [J]. Plant Physiol, 142 (4)：1380.

CONESA A, GOTZ S. 2008. Blast2GO：A comprehensive suite for functional analysis in plant genomics [J]. International Journal of Plant Genomics (2008)：619-832.

ELLISON L, 1960. The influence of grazing on plant succession [J]. Botanical Review, 26: 1-78.

GLAUBITZ U, ERBAN A, KOPKA J, et al., 2015. High night temperature strongly impacts TCA cycle, amino acid and polyamine bio synthetic pathways in rice in a sensitivity-dependent manner [J]. Journal of Experimental Botany, 66 (20): 6385-6397.

GUIHUA F, JING Y G, MAN J T, et al., 2013. Characterization of oils and fats by-1H NMR and GC/MS fingerprinting: Classification, prediction and detection of adulteration [J]. Food Chemistry, 2/3 (2/3): 1461-1469.

HONG B J, BRODERICK G A, WALGENBACH R P, 1988. Effect of chemical conditioning of alfalfa on drying rate and nutrient digestion in ruminants [J]. Journal of Dairy Science, 29 (91): 1851-1859.

JEFFERSON P C, GOSSSEN B D, 1992. Fall harvest management for irrigated alfalfa in southern Saskatchewan [J]. Canadian Journal of Plant Science, 72: 1183-1191.

JIN J, ZHANG H, ZHANG J, et al., 2017. Integrated transcriptomics and metabolomics analysis to characterize cold stress responses in Nicotiana tabacum [J]. BMC Genomics, 18 (1): 496.

KARAYILANLI E, AYHAN V, 2016. Investigation of feed value of alfalfa (*Medicago sativa* L. ) harvested at different maturity stages [J]. Legume Research, 39 (2): 237-247.

KUANG B, ZHAO X, ZHOU C, et al., Role of UDP–Glucuronic Acid Decarboxylase in Xylan Biosynthesis in Arabidopsis [J]. Molecular Plant, 9 (8): 1119-1131.

KNAPP D R, 1993. Losses and quality changes during harvest and storage of preservative treated alfalfa hay [J]. Transaction of the ASAE, 36 (2): 349-353.

MASKOS Z, RUSH J D, KOPPENOL W H, 1992. The hydroxylation of phenylalanine and tyrosine: a comparison with salicylate and tryptophan [J]. Archives of Biochemistry and Biophysics, 296 (2): 521-529.

MOSSÉ J, HUET J C, BAUDET J, 1985. The amino acid composition of wheat grain as a function of nitrogen content [J]. Journal of Cereal Science, 3 (2): 115-130.

MORRISON I M, 1991. Changes in the biodegradability of ryegrass and legume fibres by chemical and Biological pretreatments [J]. The Journal of Science of Food and Agriculture, 54 (4): 521-533.

MOSSÉ J, HUET J C, BAUDET J, 1985. The amino acid composition of wheat grain as a function of nitrogen content [J]. Journal of Cereal Science, 3 (2): 115-130.

OMS O G, ODRIOZOLA S I, MARTÍN B O, 2013. Metabolomics for assessing safety and quality of plant-derived food [J]. Food Research International, 54 (1): 1172-1183.

PARK H E, LEE S Y, HYUN S H, et al., 2013. Gas chromatography/mass spectrometry-based metabolic profiling and differentiation of ginseng roots according to cultivation age using variable selection [J]. Journal of Aoac International, 96 (6): 243-252.

SAM S, DINA D, 2003. Integrated approach to deep fat frying: engineering, nutrition, health and consumer aspects [J]. Journal of Food Engineering, 2/3 (2/3): 143-152.

SMITH C A, WANT E J, O'MAILLE G, et al., 2006. XCMS: Processing Mass Spectrometry Data for Metabolite Profiling Using Nonlinear Peak Alignment, Matching, and Identification [J]. Analytical Chemistry, 78 (3): 779.

TULLBER J H, MINSON D J, 1998. The effect of potassium carbonate solution on the drying of Lucerne [J]. Journal of Agricultural Science, 1978, 24 (91): 557-558.

TULLBERG N J. The effect of potassium carbonate solution on the drying of Lucerne [J]. Journal of Agricultural Science, 43 (9): 12-16.

ZHANG N, ZHANG L, ZHAO L, et al., 2017. iTRAQ and virus-induced gene silencing revealed three proteins involved in cold response in bread wheat [J]. Scientific Reports, 7 (1): 7524.

ZHANG R, LEI M, DONG J, 2015. Co-downregulation of the hydroxycinnamoyl-CoA: shikimate hydroxycinnamoyl transferase and coumarate 3-hydroxylase significantly increases cellulose content in transgenic alfalfa (*Medicago sativa* L.) [J]. Plant Science, 239: 230-237.

# 附　件

附表 1　不同收获期针茅品质变化差异代谢物筛选表

| 序号 | 离子模式 | 代谢物 | 离子模式 | 代谢物 |
|---|---|---|---|---|
| 1 | ESI(+) | Abscisic aldehyde | ESI(-) | trans-Cinnamate |
| 2 | ESI(+) | Xanthoxin | ESI(-) | Pyruvophenone |
| 3 | ESI(+) | Abscisic alcohol | ESI(-) | Benzoate |
| 4 | ESI(+) | Abscisate | ESI(-) | 2-Phenylacetamide |
| 5 | ESI(+) | Carlactone, 5-Deoxystrigol | ESI(-) | 4-Hydroxybenzoate |
| 6 | ESI(+) | Trans, trans-Farnesyl diphosphate | ESI(-) | Salicylate |
| 7 | ESI(+) | 4,4'-Diaponeurosporenic acid | ESI(-) | Succinate |
| 8 | ESI(+) | Canthaxanthin | ESI(-) | L-Phenylalanine |
| 9 | ESI(+) | Anhydrorhodovibrin | ESI(-) | D-Phenylalanine |
| 10 | ESI(+) | Phoenicoxanthin | ESI(-) | Phenylpropanoate |
| 11 | ESI(+) | Adonixanthin | ESI(-) | 4-Hydroxyphenylacetate |
| 12 | ESI(+) | Zeinoxanthin | ESI(-) | 4-Hydroxy-3-methoxy-benzaldehyde |
| 13 | ESI(+) | Beta-Cryptoxanthin | ESI(-) | 3-Hydroxyphenylacetate |
| 14 | ESI(+) | 1'-Hydroxytorulene | ESI(-) | 2-Hydroxyphenylacetate |
| 15 | ESI(+) | 3,4-Dehydrorhodopin | ESI(-) | Phenylpyruvate |
| 16 | ESI(+) | Alpha-Cryptoxanthin | ESI(-) | L-Pipecolate |
| 17 | ESI(+) | Capsorubin | ESI(-) | L-Lysine |
| 18 | ESI(+) | Neoxanthin | ESI(-) | D-Lysine |
| 19 | ESI(+) | Violaxanthin | ESI(-) | N6-(L-1,3-Dicarboxypropyl)-L-lysine |
| 20 | ESI(+) | 9'-cis-Neoxanthin | ESI(-) | L-Lysine |

| 序号 | 离子模式 | 代谢物 | 离子模式 | 代谢物 |
|---|---|---|---|---|
| 21 | ESI(+) | 9-cis-Violaxanthin | ESI(-) | L-Leucine |
| 22 | ESI(+) | (2S,2′S)-Oscillol | ESI(-) | L-Isoleucine |
| 23 | ESI(+) | Nostoxanthin | ESI(-) | N4-Acetylaminobutanal |
| 24 | ESI(+) | (3R,2′S)-Myxol 2′-(2,4-di-O-methyl-alpha-L-fucoside) | ESI(-) | L-Glutamate |
| 25 | ESI(+) | Trans-Cinnamate | ESI(-) | L-4-Hydroxyglutamate semialdehyde |
| 26 | ESI(+) | Pyruvophenone | ESI(-) | 2-Oxo-4-hydroxy-5-aminovalerate |
| 27 | ESI(+) | Benzoate | ESI(-) | 2,5-Dioxopentanoate |
| 28 | ESI(+) | 2-Phenylacetamide, 4-Hydroxybenzoate | ESI(-) | 5-Amino-2-oxopentanoic acid |
| 29 | ESI(+) | Salicylate | ESI(-) | Hydroxyproline |
| 30 | ESI(+) | Succinate | ESI(-) | L-Glutamate 5-semialdehyde |
| 31 | ESI(+) | Succinate | ESI(-) | cis-4-Hydroxy-D-proline |
| 32 | ESI(+) | D-Phenylalanine | ESI(-) | trans-3-Hydroxy-L-proline |
| 33 | ESI(+) | Phenylpropanoate | ESI(-) | 4-Acetamidobutanoate |
| 34 | ESI(+) | 4-Hydroxyphenylacetate | ESI(-) | 4-Guanidinobutanamide |
| 35 | ESI(+) | 4-Hydroxy-3-methoxy-benzaldehyde | ESI(-) | Indole |
| 36 | ESI(+) | 3-Hydroxyphenylacetate | ESI(-) | 3-Hydroxybenzoate |
| 37 | ESI(+) | 2-Hydroxyphenylacetate | ESI(-) | L-Phenylalanine |
| 38 | ESI(+) | Phenylpyruvate | ESI(-) | Phenylpyruvate |
| 39 | ESI(+) | 4-Coumarate | ESI(-) | L-Tyrosine |
| 40 | ESI(+) | Trans-2-Hydroxycinnamate | ESI(-) | 2-Oxo-4-phenylbutyric acid |
| 41 | ESI(+) | 2-Hydroxy-3-phenylpropenoate | ESI(-) | L-Tryptophan |
| 42 | ESI(+) | Trans-3-Hydroxycinnamate | ESI(-) | L-Arogenate |
| 43 | ESI(+) | 3-(2-Hydroxyphenyl)propanoate | ESI(-) | Indole |
| 44 | ESI(+) | Phenyllactate | ESI(-) | 3-Hydroxybenzoate |
| 45 | ESI(+) | 3-(3-Hydroxyphenyl)propanoic acid | ESI(-) | Phenylpyruvate |
| 46 | ESI(+) | Alpha-Oxo-benzeneacetic acid | ESI(-) | L-Phenylalanine |
| 47 | ESI(+) | 2,6-Dihydroxyphenylacetate | ESI(-) | L-Tyrosine |

（续表）

| 序号 | 离子模式 | 代谢物 | 离子模式 | 代谢物 |
| --- | --- | --- | --- | --- |
| 48 | ESI(+) | L-Tyrosine | ESI(-) | 2-Oxo-4-phenylbutyric acid |
| 49 | ESI(+) | 3-(2,3-Dihydroxyphenyl) pro-panoate | ESI(-) | L-Tryptophan |
| 50 | ESI(+) | Cis-3-(3-Carboxyethenyl)-3,5-cyclohexadiene-1,2-diol | ESI(-) | L-Arogenate |
| 51 | ESI(+) | Cis-3-(Carboxy-ethyl)-3,5-cyclo-hexadiene-1,2-diol | ESI(-) | L-Glutamate |
| 52 | ESI(+) | Phenylacetylglutamine | ESI(-) | gamma-L-Glutamyl-L-cys-teine |
| 53 | ESI(+) | Raffinose | ESI(-) | Glutathione |
| 54 | ESI(+) | D-Gal alpha 1->6D-Gal alpha 1->6D-Glucose | ESI(-) | Glutathionylspermine |
| 55 | ESI(+) | Salicylate | ESI(-) | 2,5-Dioxopentanoate |
| 56 | ESI(+) | Indole-3-acetate | ESI(-) | D-Xylose |
| 57 | ESI(+) | (-)-Jasmonic acid | ESI(-) | L-Arabinose |
| 58 | ESI(+) | Dihydrozeatin | ESI(-) | D-Ribulose |
| 59 | ESI(+) | Abscisate | ESI(-) | D-Xylulose |
| 60 | ESI(+) | Nicotinate | ESI(-) | L-Xylulose |
| 61 | ESI(+) | L-Pipecolate | ESI(-) | D-Lyxose |
| 62 | ESI(+) | L-Isoleucine | ESI(-) | L-Ribulose |
| 63 | ESI(+) | L-Lysine | ESI(-) | L-Lyxose |
| 64 | ESI(+) | L-Phenylalanine | ESI(-) | D-Xylonolactone |
| 65 | ESI(+) | Phenylpyruvate | ESI(-) | 2-Dehydro-3-deoxy-D-xy-lonate |
| 66 | ESI(+) | Tropate | ESI(-) | 4-(4-Deoxy-alpha-D-gluc-4-enuronosyl)-D-galactur-onate |
| 67 | ESI(+) | Phenyllactate | ESI(-) | 3-Ketosucrose |
| 68 | ESI(+) | 6-Amino-2-oxohexanoate | ESI(-) | 2,4-Diketo-3-deoxy-L-fu-conate |
| 69 | ESI(+) | L-2-Aminoadipate 6-semialde-hyde | ESI(-) | 2-O-(alpha-D-Mannosyl)-D-glycerate |
| 70 | ESI(+) | Retronecine | ESI(-) | Raffinose |

| 序号 | 离子模式 | 代谢物 | 离子模式 | 代谢物 |
|---|---|---|---|---|
| 71 | ESI(+) | Calystegin A3 | ESI(−) | D−Gal alpha 1−>6D−Gal alpha 1−>6D−Glucose |
| 72 | ESI(+) | Swainsonine | ESI(−) | 5−Aminolevulinate |
| 73 | ESI(+) | Anatabine | ESI(−) | L−Tryptophan |
| 74 | ESI(+) | L−(+)−Anaferine | ESI(−) | 5,10−Methylenetetrahydrofolate |
| 75 | ESI(+) | Cuscohygrine | ESI(−) | Hypoxanthine |
| 76 | ESI(+) | (6S)−Hydroxyhyoscyamine | ESI(−) | 5−Ureido−4−imidazole carboxylate |
| 77 | ESI(+) | Lobeline | ESI(−) | 5−Hydroxy−2−oxo−4−ureido−25−dihydro−1H−imidazole−5−carboxylate |
| 78 | ESI(+) | Lobelanine | ESI(−) | Inosine |
| 79 | ESI(+) | Piperidine | ESI(−) | 5′−Phosphoribosyl−N−formylglycinamide |
| 80 | ESI(+) | Methylmalonate | ESI(−) | Xanthosine |
| 81 | ESI(+) | Deoxyuridine | ESI(−) | Methylmalonate |
| 82 | ESI(+) | Thymidine | ESI(−) | Deoxyuridine |
| 83 | ESI(+) | Uridine | ESI(−) | Thymidine |
| 84 | ESI(+) | Pseudouridine | ESI(−) | Uridine |
| 85 | ESI(+) | 2′−Deoxy−5−hydroxymethylcytidine−5′−triphosphate | ESI(−) | Pseudouridine |
| 86 | ESI(+) | D−Xylose | ESI(−) | 2′−Deoxy−5−hydroxymethyl−cytidine−5′−triphosphate |
| 87 | ESI(+) | L−Arabinose | ESI(−) | |
| 88 | ESI(+) | 2,4−Bis(acetamido)−2,4,6−trideoxy−beta−L−altropyranose | ESI(−) | |
| 89 | ESI(+) | 2,4−Diacetamido−2,4,6−trideoxy−D−mannopyranose | ESI(−) | |
| 90 | ESI(+) | N−Acetylmuramate | ESI(−) | |
| 91 | ESI(+) | Pseudaminic acid | ESI(−) | |
| 92 | ESI(+) | N,N′−Diacetyllegionaminate | ESI(−) | |
| 93 | ESI(+) | 5−Amino−2−oxopentanoic acid | ESI(−) | |

附表 2　不同收获期羊草品质变化差异代谢物筛选表

| 序号 | 离子模式 | 代谢物 | 离子模式 | 代谢物 |
|---|---|---|---|---|
| 1 | ESI(+) | (R)-3-Amino-2-methylpropanoate | ESI(-) | L-2-Aminoadipate |
| 2 | ESI(+) | L-3-Aminoisobutanoate | ESI(-) | LL-2,6-Diaminoheptanedioate |
| 3 | ESI(+) | 3-Methyl-2-oxobutanoic acid | ESI(-) | meso-2,6-Diaminoheptanedioate |
| 4 | ESI(+) | L-Valine | ESI(-) | (2S,4S)-4-Hydroxy-2,3,4,5-tetrahydrodipicolinate |
| 5 | ESI(+) | Methylmalonate | ESI(-) | N-Acetyl-L-2-amino-6-oxopimelate |
| 6 | ESI(+) | 2-Methyl-1-hydroxypropyl-ThPP | ESI(-) | N-Succinyl-LL-2,6-diaminoheptanedioate |
| 7 | ESI(+) | 3-Methyl-1-hydroxybutyl-ThPP | ESI(-) | N6-(L-1,3-Dicarboxypropyl)-L-lysine |
| 8 | ESI(+) | D-Xylose | ESI(-) | L-Glutamate |
| 9 | ESI(+) | L-Arabinose | ESI(-) | L-Arginine |
| 10 | ESI(+) | D-Ribulose | ESI(-) | N-Acetyl-L-glutamate 5-semialdehyde |
| 11 | ESI(+) | D-Xylulose | ESI(-) | L-Leucine |
| 12 | ESI(+) | L-Xylulose | ESI(-) | L-Isoleucine |
| 13 | ESI(+) | D-Lyxose | ESI(-) | L-Glutamate |
| 14 | ESI(+) | L-Ribulose | ESI(-) | O-Acetyl-L-serine |
| 15 | ESI(+) | L-Lyxose | ESI(-) | L-2-Aminoadipate |
| 16 | ESI(+) | Xylitol | ESI(-) | L-Arginine |
| 17 | ESI(+) | Ribitol | ESI(-) | L-Phenylalanine |
| 18 | ESI(+) | L-Arabitol | ESI(-) | LL-2,6-Diaminoheptanedioate |
| 19 | ESI(+) | D-Arabitol | ESI(-) | meso-2,6-Diaminoheptanedioate |
| 20 | ESI(+) | alpha'-Trehalose 6-phosphate | ESI(-) | N-Acetyl-L-glutamate 5-semialdehyde |
| 21 | ESI(+) | Sucrose 6'-phosphate | ESI(-) | L-Histidine |
| 22 | ESI(+) | Maltose 6'-phosphate | ESI(-) | (2S,4S)-4-Hydroxy-2,3,4,5-tetrahydrodipicolinate |
| 23 | ESI(+) | 6-Phospho-beta-D-glucosyl-(1,4)-D-glucose | ESI(-) | O-Phospho-L-serine |
| 24 | ESI(+) | Sucrose 6-phosphate | ESI(-) | L-Tryptophan |
| 25 | ESI(+) | alpha-Maltose 1-phosphate | ESI(-) | L-Arginine |

| 序号 | 离子模式 | 代谢物 | 离子模式 | 代谢物 |
|------|----------|--------|----------|--------|
| 26 | ESI(+) | Anthranilate | ESI(−) | D−Arginine |
| 27 | ESI(+) | 3−Hydroxybenzoate | ESI(−) | L−Phenylalanine |
| 28 | ESI(+) | 3,4−Dihydroxybenzoate | ESI(−) | 2−Oxo−4−phenylbutyric acid |
| 29 | ESI(+) | 2−Oxo−4−phenylbutyric acid | ESI(−) | L−Tryptophan |
| 30 | ESI(+) | L−Arogenate | ESI(−) | 2−Amino−3,7−dideoxy−D−threo−hept−6−ulosonic acid |
| 31 | ESI(+) | Shikimate 3−phosphate | ESI(−) | 6−Deoxy−5−ketofructose 1−phosphate |
| 32 | ESI(+) | 5−Amino−2−oxopentanoic acid | ESI(−) | L−Glutamate |
| 33 | ESI(+) | 2−Amino−4−oxopentanoic acid | ESI(−) | 5−Phosphoribosylamine |
| 34 | ESI(+) | Phenylacetaldehyde | ESI(−) | D−Glucosamine 6−phosphate |
| 35 | ESI(+) | Succinate | ESI(−) | N−Acetylaspartylglutamate |
| 36 | ESI(+) | Phenylacetic acid | ESI(−) | Ectoine |
| 37 | ESI(+) | 4−Hydroxybenzoate | ESI(−) | O−Phospho−L−serine |
| 38 | ESI(+) | Salicylate | ESI(−) | L−Tryptophan |
| 39 | ESI(+) | Phenylpropanoate | ESI(−) | Tetrahydrofolate |
| 40 | ESI(+) | alpha−Oxo−benzeneacetic acid | ESI(−) | 2,6−Dihydroxyphenylacetate |
| 41 | ESI(+) | 4−Hydroxy−2−oxopentanoate | ESI(−) | L−Phenylalanine |
| 42 | ESI(+) | cis−3−(Carboxy−ethyl)−3,5−cyclo−hexadiene−1,2−diol | ESI(−) | D−Phenylalanine |
| 43 | ESI(+) | Lactose 6′−phosphate | ESI(−) | Phenylacetylglutamine |
| 44 | ESI(+) | 2−Dehydro−3−deoxy−6−phospho−D−galactonate | ESI(−) | Hypoxanthine |
| 45 | ESI(+) | 3−beta−D−Galactosyl−sn−glycerol | ESI(−) | 5−Phosphoribosylamine |
| 46 | ESI(+) | Melibiitol | ESI(−) | Inosine |
| 47 | ESI(+) | Raffinose | ESI(−) | 2−(Formamido)−N1−(5′−phosphoribosyl)acetamidine |
| 48 | ESI(+) | D−Gal alpha 1−>6D−Gal alpha 1−>6D−Glucose | ESI(−) | Urate−3−ribonucleoside |
| 49 | ESI(+) | Stachyose | ESI(−) | Mannitol |
| 50 | ESI(+) | Arbutin | ESI(−) | D−Sorbitol |
| 51 | ESI(+) | (R)−3−Amino−2−methylpropanoate | ESI(−) | 2−O−(alpha−D−Mannosyl)−D−glycerate |

（续表）

| 序号 | 离子模式 | 代谢物 | 离子模式 | 代谢物 |
|---|---|---|---|---|
| 52 | ESI(+) | 5-Methylcytosine | ESI(−) | D-Sorbitol |
| 53 | ESI(+) | Thymine | ESI(−) | Galactitol |
| 54 | ESI(+) | Methylmalonate | ESI(−) | D-Galactosamine 6-phosphate |
| 55 | ESI(+) | Thymidine | ESI(−) | N-Acetyl-D-galactosamine |
| 56 | ESI(+) | Adenine | | |
| 57 | ESI(+) | Secologanin | | |
| 58 | ESI(+) | 4,21-Dehydrogeissoschizine | | |
| 59 | ESI(+) | 4,21-Dehydrocorynantheine aldehyde | | |
| 60 | ESI(+) | Strictosidine aglycone | | |
| 61 | ESI(+) | Horhammericine | | |
| 62 | ESI(+) | Dialdehyde | | |
| 63 | ESI(+) | Vindoline | | |
| 64 | ESI(+) | Vinblastine | | |